U0230600

小家装修早知道

省钱选材 视频篇

孙琪 王国彬 黄肖 主编

土巴兔集团股份有限公司 土巴兔家居生态研究院 组织编写

化学工业出版社

·北京·

内容简介

本书以室内装饰材料选用为编写内容，主体部分以表格形式构成了“速查式”的版面，以点的形式阐述各种知识，让每种材料的分类、特点、适用部位等一目了然。章节分类上将室内常用的材料依据使用位置分为顶面材料、地面材料、墙面材料和厨卫材料，具体包含了板材、瓷砖、漆、壁纸、玻璃、地板、五金、洁具以及橱柜材料等内容。同时，还搭配了材料在室内的应用技巧以及材料选用和实景案例。最后，还加入了可以省钱的选材小技巧，让本书的实用性更强。

本书既可以作为业主的选材参考书，也可供有装修需求或对装修感兴趣的业主阅读参考。

随书附赠资源，请访问 https://cip.com.cn/Service/Download 下载。在如右图所示位置，输入“41137”点击“搜索资源”即可进入下载页面。

图书在版编目（CIP）数据

小家装修早知道．省钱选材视频篇 / 孙琪，王国彬，黄肖主编；土巴兔集团股份有限公司，土巴兔家居生态研究院组织编写．—北京：化学工业出版社，2022.6

ISBN 978-7-122-41137-2

Ⅰ．①小… Ⅱ．①孙… ②王… ③黄… ④土… ⑤土… Ⅲ．①室内装饰设计－装饰材料－选购 Ⅳ．① TU238.2 ② TU56

中国版本图书馆 CIP 数据核字（2022）第 057947 号

责任编辑：王　斌　吕梦瑶　　　文字编辑：冯国庆
责任校对：赵懿桐　　　装帧设计：韩　飞

出版发行：化学工业出版社（北京市东城区青年湖南街13号　邮政编码100011）
印　　装：中煤（北京）印务有限公司
710mm×1000mm　1/16　印张10½　字数185千字　2022年7月北京第1版第1次印刷

购书咨询：010-64518888　　　售后服务：010-64518899
网　　址：http://www.cip.com.cn
凡购买本书，如有缺损质量问题，本社销售中心负责调换。

定　　价：68.00元

编写人员名单

主　编

孙　琪　王国彬　黄　肖

副主编

徐建华　周文杰　李旭青　高国彬
杨晓林　郑秀华　徐桂蓉

参　编

安　森　廖　浪　华　敏　赵恒芳
刘雅琪　杨　柳　党莹莹　王广洋

目录
CONTENTS

第一章 选材前的准备

材料分类：主材 + 辅材，小家装修材料也不少 / 002

选购时间：配合装修流程选材可以有效省钱 / 008

建材档次：适合小家装修的材料档次分类 / 010

购买途径：网购装修材料对比线下实体购材 / 013

计算用量：学会计算材料用量，避免浪费 / 015

第二章 顶面装修材料

石膏板：大品牌产品更放心 / 020

铝扣板：声音脆的说明基材好 / 024

第三章 地面装修材料

玻化砖：底坯商标清晰为正规产品 / 028

釉面砖：反光成像完整、清晰为佳 / 032

仿古砖：氛围怀旧还适用于厨房、卫浴间和阳台 / 035

微晶石：灯光下有通透感的质量好 / 039

实木地板：含水率 8%~13% 为国家标准实木产品 / 042

实木复合地板：层数越多越好 / 049

强化地板：耐磨转数 1 万转为优等品 / 053

软木地板：弯曲时无裂痕则为佳 / 057

竹木地板：六面都淋漆才不会变形 / 061

PVC 地板：厚度在 2~3mm 最佳 / 065

榻榻米：外观平整为佳 / 069

拓展 · 省钱选材

瓷砖：种类规格复杂，理性选择省钱多 / 073

石材：价格浮动大，规划详细再购买 / 075

第四章 墙面装修材料

木纹饰面板：贴面越厚性能越好 / 078

特殊工艺装饰板：表面没有明显瑕疵最佳 / 084

构造板材：纹理清晰，无裂最佳 / 088

乳胶漆：闻起来无刺激气味为环保产品 / 092

环保涂料：不与水溶的为佳 / 096

壁纸：无味、无破损就是好产品 / 100

壁布： 选择知名品牌有保障 / 105
壁面玻璃： 表面光滑的产品最佳 / 109
艺术玻璃： 最好选择钢化的艺术玻璃 / 113
马赛克： 背面应有锯齿状或阶梯状沟纹 / 117
拓展 · 省钱选材
饰面板：人造木皮代替天然木皮，美观实惠选择多 / 121
玻璃：选择安全系数高的等于为日后省钱 / 123
涂料：价格便宜、环保不合格以后花大钱 / 125

第五章 厨卫装修材料

浴缸： 表面光泽度差的不能选 / 128
洁面盆： 注意支撑力是否稳定 / 132
坐便器： 光泽度越高越容易清洁 / 136
浴室柜： 基材必须选环保材料 / 140
水龙头： 手感轻柔、不费力为佳 / 143
地漏： 水封深度达 50mm 为好 / 147
橱柜台面： 表面平整、无瑕疵为佳 / 151
橱柜柜体和门板： 选择大厂机器作业尺寸更精准 / 155
拓展 · 省钱选材
淋浴：淋浴屏代替淋浴房，空间宽敞更实惠 / 159
洁面盆：台上盆美观难打扫，费时费钱不划算 / 160

第一章

选材前的准备

购买装修材料之前，一定要做好准备。这样的准备不仅能帮助我们更好地了解建材，还能让我们提前规划好购材的时间和途径，减少走弯路的情况。

装修材料清单

材料分类：

主材 + 辅材，小家装修材料也不少

装修主材“大扫盲”

装修辅材全面介绍

主材明细表

市场上的装修材料种类繁多，按照行业习惯大致可分为两大类：主材和辅材。主材是指装修中的成品材料、饰面材料及部分功能材料。主材主要包括：地板、瓷砖、壁纸、壁布、吊顶、石材、洁具、橱柜、热水器、水龙头、花洒、水槽、净水机、吸油烟机、灶具、门、灯具、开关、插座、五金件等。辅材是指装修中要用到的辅助材料。辅材主要包括：水泥、沙子、砖、板材、龙骨、防水材料、水暖管件、电线、腻子、胶、木器漆、乳胶漆、保温隔声材料、地漏、角阀、软连接等。

腻子材料没用对，
甲醛在家隐藏 10 年

（1）小家装修也要用的主材

类型	概述	示例图
地板	泛指以木材为原料的地面装饰材料。目前市场上非常流行的有实木地板、实木复合地板、强化复合地板。其中实木复合地板和强化复合地板可用于地热地面	
瓷砖	主要用在厨房、卫浴间的墙面和地面的一种装饰材料，具有防水、耐擦洗的优点，也可用于客厅、餐厅和卧室的地面铺装。目前市场上应用较多的是釉面砖、玻化砖和仿古砖	

续表

类型	概述	示例图
壁纸、壁布	一种墙面装饰材料，可改善传统涂料的单调感，呈现强烈的视觉冲击和装饰效果，多用于空间的主题墙	
吊顶	为打造美观的居室空间以及防止厨房和卫浴间的潮气侵蚀棚面而采用的一种装饰材料，主要分为铝塑板吊顶、铝扣板吊顶、集成吊顶、石膏板吊顶和生态木吊顶等	
石材	分为天然大理石和人造石。天然大理石坚固耐用、纹理自然、价格低廉。人造石无辐射、颜色多样、可无缝粘接、抗渗性较好。可用于窗台、台面、楼梯台阶、墙面装饰等处	
洁具	包括坐便器、洁面盆、浴缸、拖把池等卫浴洁具。坐便器按功能分有普通坐便器和智能坐便器；按冲水方式分有直冲式和虹吸式两种。洁面盆分为台下盆和台上盆，可根据个人喜好选择	
橱柜	时下厨房装修必备主材，橱柜分为整体橱柜和传统橱柜。整体橱柜可提前设计，采用机械工艺制作，安装快速，相比传统橱柜更时尚、美观、实用，已逐渐取代传统橱柜	
热水器	市场上可供选择的热水器有三种：储水式电热水器、燃气热水器、电即热式热水器。热水器要根据房间格局分布和个人使用习惯选择	

续表

类型	概述	示例图
水龙头、花洒	是使用非常频繁的水暖件，目前流行的水龙头、花洒采用铜镀铬、陶瓷阀芯材料，本体为精铜的水暖件是避免水路隐患的可靠保证	
水槽	是厨房必备的功能性产品，可分为单槽、双槽以及带刀具、垃圾桶、淋水盘等类型，大部分采用不锈钢材料制成	
净水机	改善生活用水和饮用水的过滤产品，按使用范围可分为中央净水机、厨房净水机、直饮净水机。净水机虽然不是家庭装修必备的主材，但是随着人们对生活品质要求的提升，越来越受到人们的青睐	
吸油烟机、灶具	吸油烟机的主要作用是吸除做菜时产生的油烟，市场上常见的有中式吸油烟机、欧式吸油烟机、侧吸式吸油烟机。灶具分为明火灶具和红外线灶具	
门	目前市场上有各种工艺的套装门，已经基本取代了传统木工制作的门和门套。套装门主要分为模压门、钢木门、免漆门、实木复合门、实木门等	
灯具	是晚间采光的主要器具，也对空间的装饰效果具有一定的作用。灯具的挑选要考虑实用、美观、节能这三点	

续表

类型	概述	示例图
开关、插座	开关按功能划分为单控开关、双控开关、多控开关。插座可分为五孔插座、16A 三孔插座、带开关插座、信息插座、电话插座、电视插座、多功能插座、音箱插座、空白面板、防水盒等	
五金件	家装中用到的五金件非常多，例如：抽屉滑道、门合页、衣服挂杆、窗帘滑道、拉篮、浴室挂件、门锁、拉手、铰链、气撑等，可一起购买	

（2）小家装修也不能少的辅材

类型	概述	示例图
水泥	家庭装修必不可少的建筑材料，主要用于瓷砖粘贴、地面抹灰找平、墙体砌筑等。家装最常用的水泥为 32.5 号硅酸盐水泥。水泥砂浆一般应按水泥：沙子 =1：2（体积比）的比例来搅拌	
沙子	配合水泥制成水泥砂浆，在墙体砌筑、粘贴瓷砖和地面找平时使用。分为粗沙、中沙、细沙，粗沙粒径大于 0.5mm，中沙粒径为 0.35~0.5mm，细沙粒径为 0.25~0.35mm，建议使用河沙，中沙或粗沙为好	
砖	砌墙用的一种长方体石料，用泥土烧制而成，多为红色，俗称“红砖”，也有“青砖”，尺寸为 240mm×115mm×53mm	
板材	常见的有细木工板、指接板、饰面板、九厘板、石膏板、密度板、三聚氰胺板、桑拿板等	

续表

类型	概述	示例图
龙骨	吊顶用的材料，分为木龙骨和轻钢龙骨。木龙骨又叫木方，比较常用的是截面为 30mm×50mm 的规格，一般用于石膏板吊顶、塑钢板吊顶。轻钢龙骨根据其型号、规格及用途的不同，有 T 形、C 形、U 形龙骨等，一般用于铝扣板吊顶和集成吊顶	
防水材料	家装主要使用防水剂、刚性防水砂浆、柔性防水砂浆这三种。防水剂可用于填缝、非地热地面和墙面，防水砂浆厚度至少要达到 2cm	
水暖管件	目前家装中做水路主要采用两种管材，即 PP-R 管和铝塑管。PP-R 管采用热熔连接方式，铝塑管采用铜件对接，还要保证墙面和地面内无接头。无论用哪种材料，都应该保证打压合格，正常是 6 个标准大气（1 个标准大气压 =101325Pa）打压半小时以上	
电线	选择通过国家 CCC 认证的合格产品即可，一般线路用 $2.5mm^2$，功率大的电器要用 $4mm^2$ 以上的电线	
腻子	是平整墙体表面的一种厚浆状涂料，是粉刷乳胶漆前必不可少的一种产品。按照性能主要分为耐水腻子、821 腻子、掺胶腻子。耐水腻子顾名思义具有防水防潮的特征，可用于卫浴间、厨房、阳台等潮湿区域	
108 胶	一种新型高分子合成建筑胶黏剂，外观为白色胶体，施工和易性好、黏结强度高、经济实用，适用于室内墙砖和地砖的粘贴	
白乳胶	黏结力强，黏度适中，是无毒、无腐蚀、无污染的现代绿色环保型胶黏剂品种，主要用于木工板材的连接和贴面，木工和油工都会用到	

续表

类型	概述	示例图
无苯万能胶	半透明黏性液体，可黏合防火板、铝塑板及各种木质材料，是木工的必备材料	
玻璃胶	用于黏结橱柜台面与厨房墙面、固定台盆和坐便器以及一些地方的填缝和固定	
发泡胶	一种特殊的聚氨酯产品，固化后的泡沫具有填缝、黏结、密封、隔热、吸声等多种效果，是一种环保节能、使用方便的材料。尤其适用于塑钢或铝合金门窗和墙体间的密封堵漏及防水、成品门套的安装	
木器漆	用于木器的涂饰，起保护木器和增加美观的作用。市场中常用的品种有硝基漆、聚酯漆、不饱和聚酯漆、水性漆、天然木器漆等	
乳胶漆	有机涂料的一种，是以合成树脂乳液为基料，加入颜料、填料及各种助剂配制而成的一类水性涂料。按光泽效果可分为无光乳胶漆、亚光乳胶漆、半光乳胶漆、丝光乳胶漆、有光乳胶漆等；按溶剂类型可分为水溶性乳胶漆、溶剂型乳胶漆等；按功能可分为通用型乳胶漆、功能型（防水、抗菌、抗污等）乳胶漆等	
保温隔声材料	保温材料主要有苯板和挤塑板两种。苯板是一种泡沫板，主要用于建筑的墙体，它的隔热效果只能达到50%。挤塑板正逐渐取代苯板作为新型保温材料，其具有抗压性强、吸水率低、防潮、不透气、质轻、耐腐蚀、超抗老化、热导率低等优异性能	

选购时间：

配合装修流程选材可以有效省钱

全面的装修流程，
看完再装不吃亏

好不容易买下一套属于自己的房子，装修自然不能草率。因此，大部分人在装修时，往往会选择品牌材料，生怕装修结果不能令自己满意；或者装修时不了解购买材料的合适时间，造成工期延误。实际上，选择建材最重要的是理性，同时要掌握材料的进场时间，才能有效控制节点，节省预算。

1. 配合施工顺序的材料购买顺序

装修进度顺序	业主同步材料准备	业主注意事项
水电改造	（1）水电改造前，应请橱柜设计人员上门进行第一次测量，确定好电源、水路的改造方案 （2）对于热水器，最好根据确定的型号设计好电源、接口的位置 （3）确定瓷砖、吊顶、灯具、洁面盆、浴缸、洗衣机的规格，准备采买	一定要先确定好开关、灯具、洁面盆、浴缸、洗衣机等的确切位置。厨房、卫浴间做防水工程，有条件的话，卧室和客厅也可以做防水处理
包立管、贴瓷砖	（1）订购瓷砖，同时家具要提早定做，留好工期，一般至少要 15 天 （2）贴瓷砖前，要买好地漏 （3）同时应确定并订好洁面盆、水龙头 （4）请橱柜设计人员进行第二次实量 （5）准备买涂料和稀释剂	包立管时用轻钢龙骨或者红砖。轻钢龙骨省空间，但红砖更牢固、好用
油漆工、刷墙	（1）瓷砖进场 （2）确定墙面是否需要做壁纸、壁布、艺术背景 （3）木门和窗户定做，上门测量尺寸	对于木工活，应先用大芯板做底层，再用饰面板贴面，然后才能刷涂料
壁纸	（1）准备购买面板、插座、壁纸 （2）提前选购木地板、地毯等	墙漆刷好后，油漆工会在需要贴壁纸的地方刷硝基漆，漆隔天就可以干透，然后就可以约施工人员贴壁纸
安装插座面板		
厨卫吊顶	（1）应购买厨房和卫浴间用吊顶；若安装浴霸，请在安装吊顶前购买并安装 （2）准备购买：晾衣架、窗帘杆、灯具、洁具、卫浴五金件	最好买铝扣板吊顶，即使多年后拆掉不用，卖废铝也值钱。反观 PVC 扣板吊顶，虽好看，但质量和性能都一般

续表

装修进度顺序	业主同步材料准备	业主注意事项
安装橱柜	准备联系保洁公司（自己有时间亲自动手的除外）	安装橱柜是个配合工程，应该提前约好，最好吸油烟机、灶具和水槽在同一天送来并与橱柜同时安装
安装成品门	（1）选用木地板的可以安排安装人员上门测量（地板安装周期为15~20天） （2）装完门窗后，木地板安装人员可以进场施工，最后统一做清洁 一门一世界，居家选门必看	若先装地板后装门，地板上可能会被磕出很多小坑
安装晾衣架、窗帘杆、卫浴五金件、卫生清洁		
家具、家电进场	（1）木地板、窗帘、软装进场，清洁做完 （2）可以考虑购买软装饰品，如装饰画、绿植花卉等	家具进场前，应备好一次性鞋套、几盒活性炭、梯子、地板保护膜等

2. 装修前、中、后期分别要定下来的材料种类

（1）装修前需定下的材料种类

材料种类	备注
地采暖	地采暖需要4 ～ 5天的工期，而在地采暖施工时，装修工程无法进行
橱柜	需要在水电改造之前定下橱柜厂家，让厂家来进行初步测量，确定橱柜的位置、使用方式以及电器和水电路的位置。贴完瓷砖后，橱柜厂家进行第二次测量，这时再与设计师沟通，确定橱柜的颜色、款式等细节

（2）装修过程中应选购的材料种类

材料种类	备注
瓷砖	如确定房屋的户型结构不会改变，可以提前预订瓷砖，甚至可以具体到瓷砖型号。如果后期发生结构改变，瓷砖很有可能因为房屋面积的改变而不能使用
洁具	坐便器、洁面盆等的长度、宽度都需要依据卫浴间的空间实际比例来定
地板	对于地板，不仅要考虑耐磨度，也要考虑厚度问题
铝扣板	要考虑整体风格统一。具体款式和颜色需等贴完墙砖后再选择
门	由于各厂家生产的门的尺寸不同，因此在厂家二次测量之后再确定门的款式和颜色等

（3）装修后期应选购的材料种类

材料种类	备注
五金锁具	整体风格确定后，再与设计师沟通锁具的颜色和款式
开关、插座	考虑整体风格后再购买，有利于整个风格的协调统一
窗帘、壁纸	窗帘和壁纸属于装饰部分，在整个装修过程中，设计方案可能会有变动，或者有新的灵感，因此完工之后购买最适宜
采买家具	后期应依据家装风格与设计师一起选购

窗帘怎么买，好看又便宜

建材档次：

适合小家装修的材料档次分类

很多时候我们总认为高档的就一定是好的，但实际上很多并不那么高档的品牌，也有质量非常不错的产品。在装修选材中，我们更应该注重的是建材本身的质量和档次，而不是仅关注品牌的档次，这样可以让小家在变得更加美好的同时不会造成浪费。

材料档次要分清，不要盲目追求高档品牌

（1）石材的等级划分（按 600 mm×600 mm 常用规格考虑）

项目	一级品	二级品
平度偏差	不超过 0.6 mm	不超过 1 mm
角度偏差	不超过 0.6 mm	不超过 0.8 mm
棱角缺陷深度	不得超过石材厚度的 1/4	不得超过石材厚度的 1/2
裂纹	裂纹长度不得超过裂纹顺延方向总长度的 20%，距板边 60 mm 范围内不得有与边缘大致平行的裂纹	贯穿裂纹长度不得超过裂纹顺延方向总长度的 30%

（2）实木板材的等级划分

档次划分	概述
高档板材	美国红橡、红松，缅甸和泰国柚木等
中高档板材	水曲柳、柞木等
中档板材	橡胶木、柚木、榉木、西南桦等（以上中档木材中，马来西亚橡胶木最好）
中低档板材	东北桦、椴木、香樟木、柏木、樟子松等
低档板材	南方松木、香杉等

（3）瓷砖的等级划分

瓷砖的等级按国家标准规定划分为两个级别：优等品和一级品。优等品是最好的等级，一级品是指有轻微瑕疵的产品。

教你如何用“白菜价”买“土豪”瓷砖

卫浴装修，利用瓷砖来省钱

选购卫浴瓷砖时不要盲目追求品牌，单价相差 10 元的瓷砖，一个卫浴装修的整体差价就有可能达到好几百元。因此，只要能够达到使用标准，在颜色搭配上花一些心思，普通品牌瓷砖的最终装修效果并不亚于一些品牌瓷砖。

（4）壁纸的等级划分

档次划分	概述
一等壁纸	以美国、瑞典壁纸品牌为代表的纯纸及无纺壁纸。此类壁纸高度环保，使用寿命长，色彩工艺堪称完美
二等壁纸	以荷兰、德国、英国为代表的低发泡和对花壁纸较为环保
三等壁纸	国产及韩国壁纸以 PVC 材料为主

（5）实木地板的等级划分

档次划分	概述
优等品	板面无裂纹、虫眼、腐朽、弯曲、死节等缺陷
B 级板	板面有上述明显缺陷而降价处理的板块，只等同于国家标准规定的合格品等级
本色板	加工所用涂料采用“UV”淋漆工艺，漆色透明，能真实反映木材的本来面目
调色板	在涂料工艺中注入了特定颜色，使木材的真实质量、特性及所有缺陷难以辨认

（6）涂料的等级划分

档次划分	概述
A 类原装进口涂料	采用欧美高标准原材料，因此产品在环保、调色、物理性能等各个方面都具备超凡的水平
B 类国际品牌国内生产的涂料	设备、工艺、质量管理较好，广告投入大，广告费用在价格中所占比例较高
C 类国内品牌的涂料	主要集中生产油性聚酯漆、低价工业漆和工程用漆

涂料选择，切合实际最实惠

要切实依据自己所需来购买涂料才能做到经济实惠。进口涂料质量好，但价格贵，相比国产涂料，它们的价格一般要高出 20%~50%。若从实惠方面考虑，业主完全可以放心购买质优的国产品牌产品。

购买途径：

网购装修材料对比线下实体购材

设计师教你如何选对开关

很多人在购买建材的过程中，会选择网购的形式，以为这样可以节省一笔资金。但要注意的是，网购不一定会比线下实体购材便宜，并且有些材料并不适合在网上购买，如果网购出现问题，解决起来也会很麻烦。

施工项目	推荐网购建材		不推荐网购建材	
拆除工程	防护膜	在拆除工地上，会有很多乱七八糟的东西掉下来，所以防护工程要做好，一些防护膜可以提前在网上购买好	封窗断桥铝	因为对安装服务要求较高，可以网购线下有服务商的品牌产品，最好是直接购买厂家在当地销售的产品，方便上门测量和售后服务
	下水管防护盖	下水管要加防护盖，以免沙石或不明物体掉进去，日后堵塞会很麻烦		
	简易厕所	施工期间施工工人的如厕问题也要提前考虑好		
水电工程	开关插座	在网上购买省时、省钱、省力，注重质量的可以挑进口品牌的产品	水电管线	水电管线很容易涉及型号等专业问题，若自己从网上购买，不合适再退换会拖延工期，售后服务也比较难
	空开 / 弱电箱	网上购买和装修公司提供的差别并不大，所以可以放心购买		

续表

施工项目	推荐网购建材		不推荐网购建材	
瓦工工程	瓷砖	网上瓷砖的样式更多，通常购买普通国产品牌的瓷砖即可，但购买时要记得多买一些备用，因为瓷砖的损耗比较大	窗台石、门槛石	最好使用装修公司提供的产品，因为用量不大，单独去买意义不大，并且还可能无法与整体成套
瓦工工程	填缝剂、玻璃胶、美缝剂	这些产品在网上购买和在线下购买的差别并不大，只要选择有品牌保证的产品即可	窗台石、门槛石	最好使用装修公司提供的产品，因为用量不大，单独去买意义不大，并且还可能无法与整体成套
涂料工程	涂料、乳胶漆	很多进口的乳胶漆可能只在一二线城市有线下门店，所以对于相对小的城市的业主来说，网购是最佳的选择	腻子、石膏	运输成本太高，用装修公司提供的即可
涂料工程	壁纸	相对于实体店，网购一定是有更多款式可以选择的，价格也可能更实惠，只要提前看好样品，一般没问题	腻子、石膏	运输成本太高，用装修公司提供的即可
安装工程	灯具	灯具完全可以在网上购买，可以选择的样式和风格比线下的多，并且现在网上也会有相应的安装服务	橱柜	橱柜价格有一半是给安装服务的，橱柜的安装非常依赖于商家的信誉，所以最好去线下实体店购买
安装工程	洁具（水槽、淋浴房、浴室柜、洁面盆等）	除了坐便器和浴缸最好先在实体店体验后再购买外，其他洁具可以放心网购	橱柜	橱柜价格有一半是给安装服务的，橱柜的安装非常依赖于商家的信誉，所以最好去线下实体店购买
安装工程	卫浴五金、设备（花洒、浴霸、热水器、水龙头、地漏、角阀、软管）	卫浴五金可以完全根据自己的喜好购买，网购的可选择性较多	橱柜	橱柜价格有一半是给安装服务的，橱柜的安装非常依赖于商家的信誉，所以最好去线下实体店购买
安装工程	地板	对于地板，只要选择靠谱的品牌，也可在网上放心购买	橱柜	橱柜价格有一半是给安装服务的，橱柜的安装非常依赖于商家的信誉，所以最好去线下实体店购买

计算用量：

学会计算材料用量，避免浪费

自己去购买建材的时候，常会遇到一个问题，买多少数量的材料合适？这就需要学会计算用材量，它可以让我们精准计算出材料的用量，从而更多地节约预算，避免浪费。

弄懂用量的计算，精准确定预算范围

在家居装修中，材料的用量计算是每一位业主都会关注的问题。材料用量计算看似复杂，但其实只要掌握一定的技巧，就能轻易掌握家居环境中的用量。只有将材料用量计算精准，才能更多地节约预算，避免浪费。

地砖用量

粗略的计算方法：
房间面积 / 地砖面积 ×110%（10% 为损耗量）= 用砖数量（块）
精确的计算方法：
（房间长 / 砖长）×（房间宽 / 砖宽）= 用砖数量（块）

以长 7m、宽 5m 的房间，用 0.3m×0.3m 规格的地砖为例：
房间长 7m/ 砖长 0.3m/ 块≈ 24 块
房间宽 5m/ 砖宽 0.3m/ 块≈ 17 块
长 24 块 × 宽 17 块 = 用砖总量 408 块

实木地板用量

粗略的计算方法：
房间面积 / 地板面积 ×108%（8% 为损耗量）= 地板数量（块）
精确的计算方法：
（房间长 / 地板长）×（房间宽 / 地板宽）= 地板数量（块）

以长 8m、宽 5m 的房间，用 1.2m×0.19m 规格的地板为例：
房间长 8m/ 地板长 1.2m/ 块≈ 7 块
房间宽 5m/ 地板宽 0.19m/ 块≈ 27 块
长 7 块 × 宽 27 块 = 用板总量 189 块

复合地板用量

粗略的计算方法：
地面面积 / 地板面积 ×105%（5% 为损耗量）= 地板数量（块）
精确的计算方法：
（房间长 / 地板长）×（房间宽 / 地板宽）= 地板数量（块）

以长 8m、宽 5m 的房间，用 1.2m×0.19m 规格的地板为例：
房间长 8m/ 地板长 1.2m/ 块≈ 7 块
房间宽 5m/ 地板宽 0.19m/ 块≈ 27 块
长 7 块 × 宽 27 块 = 用板总量 189 块

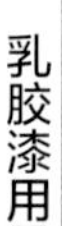

粗略的计算方法：
地面面积 ×2.5/35= 使用数量（桶）
精确的计算方法：
（长 + 宽）×2× 房高 = 墙面面积
长 × 宽 = 顶面面积
（墙面面积 + 顶面面积 - 门窗面积）/35= 使用数量（桶）

乳胶漆的包装一般是 5L 和 15L 两种规格，以家装的 5L 为例，可以涂刷两遍 35m^2 的面积。

壁纸用量

粗略的计算方法：
地面面积 ×3 = 壁纸总面积
壁纸的总面积 /（0.53×10）= 壁纸的数量（卷）
精确的计算方法：
壁纸每卷长度 / 房间实际高度 = 使用分量数
房间周长 / 壁纸宽度 = 使用单位的总量数
使用单位的总量数 / 使用分量数 = 使用壁纸的数量（卷）

以长 8m、宽 5m、高 2.4m 的房间，用长 10m、宽 0.53m 规格的壁纸为例：
每卷长度 10m/ 房间高 2.4m ≈ 5 卷
房间周长 [（8m+5m）×2− 门宽 1m− 窗宽 2m]/ 每卷宽度 0.53m ≈ 44 卷
44/5 ≈ 9 卷

计算壁纸用量时，要减去踢脚板及顶线的高度。另外，门窗面积也要在使用量中减去，这种计算方法适用于素色或细碎花的壁纸。壁纸的拼贴中如果需要对花，那么图案越大，损耗越大，因此要比实际用量多买 10% 左右。

水泥大致用量

一室一厅一厨一卫	按质量估计：大约 1t 按包估计：20~30 包
两室两厅一厨一卫	按质量估计：大约 1.5t 按包估计：30~40 包
三室两厅一厨两卫	按质量估计：大约 2t 按包估计：40~60 包

四招鉴别水泥好坏

黄沙平均用量

一室一厅一厨一卫	按质量估计：大约 2t 按包估计：袋装 80 包（25kg/ 包）
两室两厅一厨一卫	按质量估计：大约 3t 按包估计：袋装 120 包（25kg/ 包）
三室两厅一厨两卫	按质量估计：大约 3.5t 按包估计：袋装 140 包（25kg/ 包）

开关和插座数量（单位：个）

项目	一室一厅	两室一厅
一开单控	1	3
二开单控	2	2
一开双控	2	4
三开单控	1	1
五孔	14	20
五孔 + 开关	—	3
空调 16A	2	3
电话	2	2

第二章

顶面装修材料

顶面设计常常被我们忽略，恰当的顶面造型设计能够提升家居的整体档次，但是好的造型要依靠材料才能够实现。在选择吊顶装饰材料时，要遵循既省材、牢固、安全，又美观、实用的原则。

石膏板：

大品牌产品更放心

两招教你区分石膏板的优劣

石膏板是以建筑石膏和护面纸为主要原料，掺加适量纤维、淀粉、促凝剂、发泡剂和水等，制成的轻质建筑薄板。它具有轻质、防火、强度高、隔声绝热、物美价廉且加工性能良好等优点，而且施工方便，装饰效果好。除了用于顶面外，还可用于制作非承重的隔墙。石膏板的种类较多，不同的种类适合用在不同的功能区域中。

1. 石膏板种类速查表

名称	特点	参考价格	适用部位	图片
平面石膏板	◎ 非常经济和常见的品种，适用于无特殊要求的场所 ◎ 可塑性很强，易加工 ◎ 板块之间通过接缝处理可形成无缝对接 ◎ 面层非常容易装饰，且可搭配多种材料组合	30~105 元 / 张	√ 顶面 √ 墙面 √ 隔墙	
浮雕石膏板	◎ 在石膏板表面进行压花处理 ◎ 能令空间显得更加高大和立体 ◎ 可根据具体情况定制	85~135 元 / 张	√ 顶面 √ 墙面	
防水石膏板	◎ 具有一定的防水性能 ◎ 吸水率为 5% ◎ 防潮，适用于潮湿空间	55~105 元 / 张	√ 顶面 √ 隔墙	
防火石膏板	◎ 表面颜色为粉红色，纸面材质 ◎ 采用不燃石膏芯混合玻璃纤维及其他添加剂制成 ◎ 具有极佳的耐火性能	55~105 元 / 张	√ 顶面 √ 隔墙	
穿孔石膏板	◎ 用特制高强纸面石膏板为基板 ◎ 采用特殊工艺，表面粘压优质贴膜后穿孔而成 ◎ 施工简单快捷，无需二次装饰	40~105 元 / 张	√ 顶面	

2. 石膏板的应用技巧

（1）根据部位选择适合的种类

在使用石膏板时，宜结合使用的位置选择合适的款式，如在普通区域中做吊顶或隔墙，平面石膏板就可以满足需求，若追求个性也可选择浮雕石膏板；如果是在卫浴间或厨房使用，则需要用防水或防火的石膏板；而如果是在影音室中，则适合选择穿孔石膏板来吸声。

需要注意的是，防水石膏板适合搭配轻钢龙骨来施工，木龙骨受潮容易变形。

◀使用防水石膏板，搭配防水涂料，卫浴间内也可以做吊顶造型

（2）矮房间可做局部吊顶

遇到比较低矮的户型时，很多人会选择不做吊顶。实际上，采用局部式的条形或块面式吊顶，拉低一小部分的房高，造成吊顶与原顶的高差，反而会让整体房间显得更高一些，若搭配一些暗藏式的灯光，效果会更明显。

需要注意的是，灯光使用白光或黄光即可，不宜使用太突出的颜色。

▲房间较低矮，设计师在电视墙上方做了长条形的局部吊顶，搭配黑镜和暗藏灯，反而使整体显得更高，且效果非常时尚

石膏板应用案例解析

平面石膏板

设计说明　客厅中顶面使用平面石膏板做局部式的吊顶跌级造型，搭配暗藏灯光，在视觉上拉伸了房间的高度，也增添了华丽感。

浮雕石膏板

设计说明　公共区没有做任何吊顶，仅在吊灯的部位粘贴浮雕石膏板，用其精美的花纹，丰富了顶面的层次感，且放置的位置十分巧妙，与灯具搭配起来，非常和谐。

铝扣板：

声音脆的说明基材好

铝扣板是以铝合金板材为基底，通过开料、剪角、模压成形得到的。在铝扣板表面使用不同的涂层加工可得到各种铝扣板产品。近年来，家装铝扣板厂家将各种不同的加工工艺运用到铝扣板中，如热转印、釉面、油墨印花、镜面等。其以板面花式多、使用寿命长等优势逐渐代替 PVC 扣板，获得人们的喜爱。铝扣板可以直接安装在建筑表面，施工方便。因其防水，不渗水，所以较为适合用在卫浴、厨房等空间中。

1. 铝扣板种类速查表

名称	特点	参考价格	图片
覆膜板	◎ 无起皱、划伤、脱落、漏贴现象 ◎ 花纹种类多，色彩丰富 ◎ 耐气候性、耐腐蚀性、耐化学品性强 ◎ 防紫外线，抗油烟 ◎ 易变色	45~60 元 /m^2	
滚涂板	◎ 表面均匀、光滑 ◎ 无漏涂、缩孔、划伤、脱落等 ◎ 耐高温性能佳，防紫外线 ◎ 耐酸碱、耐防腐性强	55~150 元 /m^2	
拉丝板	◎ 平整度高，板材纯正 ◎ 有平面、双线、正点三种造型 ◎ 板面定型效果好，色泽光亮 ◎ 具有防腐、吸声、隔声性能	75~150 元 /m^2	
纳米技术方板	◎ 图层光滑细腻 ◎ 易清洁 ◎ 板面色彩均匀细腻、柔和亮丽 ◎ 不易划伤、变色	150~400 元 /m^2	
阳极氧化板	◎ 耐腐蚀性、耐磨性强，硬度高 ◎ 不吸尘、不沾油烟 ◎ 一次成形，尺寸精度、安装平整度更高 ◎ 使用寿命更长，可保证 20 年不掉色	180~500 元 /m^2	

2. 铝扣板的应用技巧

（1）使用集成吊顶最省力

与刚开始流行铝扣板吊顶不同的是，近年来，很多商家推出了集成式的铝扣板吊顶，包括板材的拼花、颜色，以及灯具、浴霸、排风的位置都会设计好，而且负责安装和维修，比起自己购买单片材料来拼接更为省力、美观。

▶集成式的铝扣板吊顶，比单独选择板块及电器要更省心省力

（2）卫浴间适合选择镂空花型

由于卫浴间顶面有管道，在安装扣板后，房间的高度会下降很多，在洗澡时，水蒸气向周围扩散，如果空间很小，人很快就会感到憋闷。镂空花型的铝扣板能使水蒸气没有阻碍地上升，并很快凝结成水滴，又不会滴落下来，能够起到双重功效。

需要注意的是，卫浴间内不适合选择耐腐蚀性差的铝扣板。

▶使用带有镂空花型的铝扣板吊顶，能够让洗澡过程感觉更舒适

铝扣板应用案例解析

纳米技术方板

设计说明 从性能上来说，纳米技术方板具有易清洁等特性，非常适合用在厨房内。从装饰效果来讲，白色的铝扣板能够彰显整洁感，搭配深色仿古地砖，大气而明快。

滚涂板

设计说明 选择带有简单浮雕花纹的象牙白滚涂板来装饰卫浴间，与木色的柜子搭配，在色彩上过渡得非常协调、舒适。浮雕花纹彰显出了设计方面的细节，同时材质更耐腐蚀。

第三章 地面装修材料

地面装修材料主要有瓷砖和石材两种，在装修中可以有多种选择。无论是哪种材料，在选择时都不光要考虑价格和风格的问题，还要知道材料的耐磨性和安全性，这样才能选到称心如意的地面装修材料。

玻化砖：

底坯商标清晰为正规产品

抛光砖和抛釉砖的对比

玻化砖，又称“瓷质抛光砖”，属于通体砖的一种，也是瓷砖中最硬的一种。它的吸水率较低，硬度较高，耐酸碱且用途广泛，又被称作“地砖之王”。但是由于玻化砖经过打磨，毛气孔较大，易吸收灰尘和油烟，所以不适合用于卫浴间和厨房。玻化砖的色彩柔和，不同吸水率的玻化砖的颜色种类丰富，适用于现代、简约的设计风格。

1. 玻化砖种类速查表

名称	特点	参考价格	图片
微粉砖	◎ 耐磨，耐划 ◎ 吸水率低 ◎ 表面光滑，光泽度好 ◎ 性能稳定，质地坚硬 ◎ 适合现代、简约风格的家居	50~180 元 /m^2	
渗花型抛光砖	◎ 吸水率低 ◎ 颜色鲜艳、丰富 ◎ 纹路清晰 ◎ 表面光滑 ◎ 毛气孔大，不适合用于厨房等油烟大的地方 ◎ 基础型玻化砖，适合各种风格的家居	65~210 元 /m^2	
多管布料抛光砖	◎ 比渗花型抛光砖的颜色更暗淡 ◎ 色彩丰富 ◎ 吸水率低 ◎ 纹理清晰 ◎ 素雅大方 ◎ 性能稳定，耐磨，耐划 ◎ 各种家居风格均适用	85~320 元 /m^2	

2. 玻化砖的应用技巧

(1) 仿石材款式可取代石材

玻化砖有一些仿石材纹理的款式，其效果可与抛光后的石材媲美。与石材不同的是，它的自重更轻，对楼板的压力更小，且花纹比天然石材更规律，铺设和加工也更简单一些，但价值和天然感要比石材差一些，非常适合喜欢石材质感又觉得价格较高的人群。

需要注意的是，此类砖更适合用在地面上，用在墙面上会因过于光亮而降低空间档次。

◀仿石材纹理的玻化砖，铺设效果完全可与石材媲美，且造价更低，打理更容易

(2) 拼花铺贴效果更高级

想要追求更高级、更华丽的效果，可以将玻化砖进行拼花式的铺贴，装饰效果会更贴近石材。铺贴时既可以简单地选择小方块或长条形的石材，将其插入玻化砖中，也可以将玻化砖与地板进行拼花。

需要注意的是，拼花适合选择较为素雅一些的砖体，否则容易显得过于凌乱。

▶将仿石材纹理的灰色玻化砖与黑色石材进行拼花铺贴，让整体感觉与石材更接近

（3）纹理的选择宜结合风格

玻化砖的款式非常多，建议从家居整体风格来考虑，除了墙面的材质和色彩外，将家具的款式和色彩也考虑进来，后期效果会更加协调、统一。例如墙面是白色，家具是黑色，整体为简约风格，地砖就可选择纹理淡雅一些的灰色系或米黄色系，整体层次感会更强。

需要注意的是，如果房间小或采光不佳，切忌用深色地砖配深色家具，否则会显得过于压抑。

▶简约风格的餐厅内，地面选择了比较柔和、淡雅的款式，搭配深色家具，简洁而具有节奏感

玻化砖的鉴别与选购

① 选大品牌

玻化砖从表面难以看出质量的差别，但其内在品质可能相差非常大。专业玻化砖生产厂家的几十道生产工序都有严格的标准规范，质量比较稳定，因此建议选购大品牌的产品。

② 看砖体表面及底坯

看砖体表面是否光泽亮丽，应无划痕、色斑、漏抛、漏磨、缺边、缺角等缺陷；查看底坯标记，正规厂家生产的产品，底坯上都有清晰的产品商标，没有或者模糊的不建议购买。

玻化砖应用案例解析

仿石材纹理的玻化砖

设计说明　本案例的整体基调为简约风格，客厅中顶面和墙面都是白色，并且没有过多的装饰，地面搭配灰色仿石材纹理的玻化砖，既与墙面、顶面拉开了差距，增添了层次感，又不会破坏整体的素雅感。

设计说明　地面采用了白底灰色纹理的渗花型抛光砖，在灯光的照射下，砖体与白色顶面呼应的同时又具有不同的质感，为高雅的居室增添了别样效果。

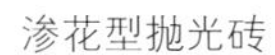

渗花型抛光砖

釉面砖：

反光成像完整、清晰为佳

教你如何分辨瓷砖的品质

釉面砖是砖的表面经过施釉、高温高压烧制处理的瓷砖，是由土坯和表面的釉面两个部分构成的，其表面可以做各种图案和花纹，种类十分丰富；因为表面是釉料，所以耐磨性不如其他砖体。釉面砖最大的优点是防渗、防污性能强，大部分釉面砖的防滑性非常好，所以更适合用在卫浴间和厨房中。釉面砖按照表面光泽度可分为亮面和亚光面两类，按照材质又可分为陶制和瓷制两种，各有其不同特点。

1. 釉面砖种类速查表

名称	特点	参考价格	图片
亮面釉面砖	◎ 表面比较光滑、明亮 ◎ 能够突显整洁、干净的感觉 ◎ 此类砖表面越平整越好	55~210 元 /m^2	
亚光面釉面砖	◎ 具有亚光的效果 ◎ 更具时尚感和高级感 ◎ 无色差的釉面能够给人更舒适的视觉效果	50~190 元 /m^2	
陶制釉面砖	◎ 由陶土烧制而成 ◎ 吸水率较高，强度相对较低 ◎ 背面颜色为红色	50~220 元 /m^2	
瓷制釉面砖	◎ 由瓷土烧制而成 ◎ 吸水率较低，强度相对较高 ◎ 背面颜色是灰白色	50~220 元 /m^2	

2. 釉面砖的应用技巧

瓷砖挑选攻略，让家不再普通

（1）墙、地同颜色时可做一些变化

在卫浴间或厨房比较小的情况下，很多人会选择在墙面和地面铺设同种颜色的釉面砖，例如白色或浅色，意图让空间显得更宽敞一些，但这种做法也很容易显得单调，可以在地面上设计一些简单的拼花，既做了界面的区分，又能够增添层次感。

需要注意的是，拼花釉面砖的色彩越简单越好，纯色最佳，尽量不要选择花色。

◀小卫浴间内，墙面和地面均为白色釉面砖，为了避免单调，在地面上加入了一些黑色拼花

（2）厨房地面宜选亮面产品

在家居环境中，厨房的面积通常不大，且从厨房的使用功能上来讲，地面宜显得更整洁一些，所以在厨房地面上使用釉面砖时，建议选择亮面的产品，除了能让环境更干净外，还能看起来更明亮。

需要注意的是，如果是复古型的厨房，搭配亚光面的釉面砖会更协调一些。

▶小面积的厨房使用浅色系的亮面釉面砖，会让空间看起来更整洁、宽敞

釉面砖应用案例解析

设计说明 为了彰显宽敞感和整洁感，在卫浴间的墙面大量使用白色墙砖，同时还在墙面上方涂刷黑色乳胶漆，从色彩上做简单的分区。地面的拼花釉面砖减少了黑白搭配的无聊感，让卫浴间看起来不会过于单调。

拼花釉面砖

浅灰色釉面砖

设计说明 卫浴间较窄，地面和墙面选择同一款浅灰色釉面砖，搭配白色顶面和洁具，简洁而具有浓郁的都市感。相连的界面使用同种颜色，能够弱化界限，让小空间看起来更宽敞。

仿古砖:

氛围怀旧还适用于厨房、卫浴间和阳台

仿古砖是从彩釉砖演化而来的，与普通的釉面砖相比，其差别主要表现在釉料的色彩上面。仿古砖属于普通瓷砖，与瓷片基本是相同的。所谓仿古，指的是砖的视觉效果，应该叫仿古效果的瓷砖，其并不难清洁。仿古砖仿造以往的样式，带着一股浓浓的历史感，将其用在家居设计中，更显时尚。因为其抗氧化性强，吸水率低，除了客厅、餐厅外，也同样适合用于厨房、卫浴间和阳台中。

1. 仿古砖种类速查表

名称	特点	参考价格	图片
花草图案仿古砖	◎ 以各种类型的花草为图案 ◎ 图案位于砖体中间或四周 ◎ 色彩丰富、款式众多 ◎ 除了正常尺寸外，还有菱形的款式，可用于拼花 ◎ 适合自然类的家居风格	110~350 元 /m^2	
仿皮纹仿古砖	◎ 砖体表面仿制皮革的纹理 ◎ 色彩多为棕色或黑色 ◎ 比较适合简约或现代风格的家居	85~320 元 /m^2	
仿木纹仿古砖	◎ 砖体纹理仿制各种木纹 ◎ 色彩以木材色调为主 ◎ 除了正方形、长方形外，还有长条形的砖体 ◎ 各种风格的家居均适用，可取代木地板	75~300 元 /m^2	
仿岩石仿古砖	◎ 砖体纹理仿制各种岩石质感 ◎ 是最为常见的仿古砖款式 ◎ 常见的除了单色砖外，还有拼色砖 ◎ 正方形居多 ◎ 不同纹理适合不同风格的家居	110~550 元 /m^2	
仿金属仿古砖	◎ 砖体表面仿制生锈金属纹理 ◎ 色彩多为深灰色、深棕色或锈黄色 ◎ 比较适合简约或现代风格的家居	85~320 元 /m^2	

2. 仿古砖的应用技巧

（1）根据家居风格选择适合的款式

在大多数人们的印象中，仿古砖常见于美式乡村风格、地中海风格或田园风格的家居中。然而实际上，它并不是这些风格的专属，其色彩和纹理非常多，除了常见的几种纹理外，更有几十种款式，无论何种风格，都可以将仿古砖纳入考虑范围之内。

需要注意的是，在选择时建议结合风格的特征来选择代表色彩和纹理，更容易获得协调的装饰效果。

根据风格选瓷砖，家装"老司机"这么说

◀田园风格的卧室内，选择大地色系的仿岩石仿古砖，搭配木质家具，非常舒适、自然

（2）卫浴间、厨房使用可多些拼色设计

仿古砖性能优良，与大部分的瓷砖不同，它可以用在卫浴间和厨房中，无论是用在墙面和地面，都可以进行一些色差较大的拼色设计。因为厨房、卫浴间的面积小，所以并不容易显得凌乱，还能增加一些个性和活泼感。

需要注意的是，如果墙面和地面同时做拼色，建议在铺贴方式上做些变化。

►小卫浴间内，墙面和地面采用同系列仿古砖，但铺设方式做了区分，统一中蕴含变化

/ 仿古砖应用案例解析 /

仿木纹仿古砖

设计说明 居室内用印有字母的仿木纹仿古砖搭配水泥顶面和墙面，时尚、个性且带有工业化的气息，同时，木纹纹理柔化了水泥的冷硬感，不失居住环境的温馨。

设计说明 在蓝色仿岩石仿古砖和地板之间，用蓝色、褐色和白色组成的小砖进行拼贴，使两部分色彩完美过渡，并增添了活泼感和一些沧桑的韵味。

仿岩石仿古砖

微晶石：

灯光下有通透感的质量好

微晶石学名为“微晶玻璃复合板材”，是将一层3~5mm的微晶玻璃复合在陶瓷玻化石的表面，经二次烧结后完全融为一体的高科技产品。微晶玻璃集中了玻璃与陶瓷材料两者的特点，热膨胀系数很小，也具有硬度高，耐磨，密度大，抗压、抗弯性能好，耐酸碱，耐腐蚀的优点，在室内装饰中被广为应用。与釉面砖恰恰相反的是，微晶石不适合用于卫浴间和厨房。

1. 微晶石种类速查表

名称	特点	参考价格	图片
无孔微晶石	◎ 也称人造汉白玉，通体为纯净的白色 ◎ 非常环保 ◎ 无气孔，无杂斑 ◎ 吸水率为零 ◎ 可打磨翻新 ◎ 光泽度高	200~880 元 /m^2	
通体微晶石	◎ 天然无机材料 ◎ 性能优于天然花岗石、大理石及人造大理石 ◎ 不易腐蚀、氧化、褪色 ◎ 吸水率低 ◎ 强度高，经久耐用 ◎ 光泽度高，色彩鲜艳 ◎ 无需保养	180~670 元 /m^2	
复合微晶石	◎ 也称微晶玻璃陶瓷复合板 ◎ 无放射物，绿色环保 ◎ 装饰效果佳 ◎ 硬度大，抗折性能强 ◎ 吸污少，方便清洗 ◎ 耐腐蚀性强，耐气候性强 ◎ 色泽自然，永不褪色 ◎ 结构致密，纹理清晰	120~490 元 /m^2	

2. 微晶石的应用技巧

（1）设计时需注意反光的问题

微晶石的光泽感是优点，但若选择颜色时考虑不周，容易造成反光明显甚至刺眼的情况。因此，在设计时，需注意其花色应与房间整体环境保持协调，还应考虑到照明等其他部分的合理性，减少微晶石的反光问题。

◀白色和米色相间的微晶石，兼具柔和的美感，特殊的反光表面让小空间也能看起来更加明亮、宽敞

（2）普通微晶石更适合用在墙面上

微晶石虽然可以在墙面和地面上通用，但除了少部分高档的微晶石地砖外，大部分普通的微晶石地砖每一块的花纹都不一样，所以很难做到花纹无缝对接，用在地面上容易显得凌乱；且微晶石的光泽度可以达到90%，划伤后很容易看见划痕，而地面使用频率高，非常容易损伤，所以更建议将其用在墙面上。

需要注意的是，比起在墙面上大面积铺贴，用在背景墙部分会更具个性、美观。

▲用微晶石做背景墙，光泽感和质感都可以与天然大理石媲美，且花纹的可选择性更多

微晶石应用案例解析

设计说明 将不同纹理的类似色系复合微晶石组合起来，分别大面积铺贴于墙面及做背景墙，层次分明且丰富，其晶莹光亮的质感搭配仿石材的纹理，使空间显得富丽又不失温馨感。

复合微晶石

设计说明 将地砖专用的通体微晶石与大理石组合起来做成拼接式的花纹，黄色与深咖色相间，搭配欧式造型的墙面和家具，极具奢华感。

通体微晶石

实木地板：

含水率 8%~13% 为国家标准实木产品

两招辨别实木地板真伪

实木地板是天然木材经烘干、加工后形成的地面装饰材料。它呈现出的天然原木纹理和色彩图案，给人以自然、柔和、富有亲和力的感受，同时冬暖夏凉、触感好。不同的木质具有不同的特点，有的偏软，有的偏硬，选择实木地板的时候可以根据生活习惯选择木种。

1. 实木地板种类速查表

名称	特点	参考价格	图片
桦木	◎ 表面光滑，纹路清晰 ◎ 富有弹性 ◎ 吸湿性大，易开裂 ◎ 物美价廉，易加工	170~370 元 /m^2	
水曲柳	◎ 加工性能良好 ◎ 适合干燥气候，受潮易老化 ◎ 抗震性能好 ◎ 价格昂贵	约 430 元 /m^2	
橡木	◎ 纹理丰富美丽，花纹自然 ◎ 表面有良好的触感 ◎ 韧性极好，质地坚实 ◎ 结构牢固，使用年限长 ◎ 稳定性相对较好 ◎ 不易吸水，耐腐蚀，强度大	220~420 元 /m^2	

续表

名称	特点	参考价格	图片
重蚁木	◎ 质地非常密实的硬木之一 ◎ 耐腐蚀、抗变形 ◎ 纹理清晰，稳定性好	约 360 元 /m^2	
榉木	◎ 纹理直，结构细且均匀 ◎ 不耐腐蚀，不抗蚁 ◎ 表面光滑 ◎ 易开裂变形	约 400 元 /m^2	
榆木	◎ 纹理清晰，表面光滑 ◎ 易加工 ◎ 硬度适中 ◎ 干燥性差，易开裂	约 220 元 /m^2	
圆盘豆木	◎ 颜色比较深，分量重，密度大 ◎ 比较坚硬，抗击打能力很强 ◎ 在中档实木地板中稳定性能是比较好的 ◎ 脚感比较硬，不适合有老人或小孩的家庭使用 ◎ 使用寿命长，保养简单	约 600 元 /m^2	
核桃木	◎ 不易开裂、变形 ◎ 价格偏高 ◎ 稳定性好 ◎ 抗压、抗弯能力一般	约 500 元 /m^2	

续表

名称	特点	参考价格	图片
枫木	◎ 纹理清晰好看 ◎ 适合现代、简约的家居设计风格 ◎ 颜色较浅，不耐脏 ◎ 硬度适中，不耐磨	170~370 元 /m²	
柚木	◎ 有“万木之王”的称号 ◎ 耐酸碱，耐腐蚀 ◎ 抗虫，抗蚁 ◎ 纹理天然，不易变形 ◎ 稳定性好 ◎ 脚感舒适	270 元 /m² 以上	
花梨木	◎ 结构致密，稳定性好 ◎ 经久耐用，强度高 ◎ 握钉力强 ◎ 耐腐蚀，抗虫、抗蚁	320~450 元 /m²	
樱桃木	◎ 色泽高雅，时间越长，颜色、木纹会变得越深 ◎ 暖色赤红，可装潢出高贵感 ◎ 硬度低，强度中等，耐冲击、载荷 ◎ 稳定性和耐久性好	800 元 /m² 以上	
黑胡桃木	◎ 呈浅黑褐色带紫色，色泽较暗 ◎ 结构均匀，稳定性好 ◎ 容易加工，强度高、结构细腻 ◎ 耐腐蚀、耐磨，干缩率小	300~500 元 /m²	
桃花芯木	◎ 木质坚硬、轻巧，易加工 ◎ 色泽温润、大气 ◎ 木花纹绚丽、漂亮，变化丰富 ◎ 密度中等，稳定性好 ◎ 尺寸稳定，干缩率小，强度适中	900 元 /m² 以上	

续表

名称	特点	参考价格	图片
小叶相思木	◎ 木材细腻、密度高 ◎ 呈黑褐色或巧克力色 ◎ 结构均匀，强度及抗冲击韧性好 ◎ 具有独特的自然纹理，高贵典雅 ◎ 稳定性好，韧性强，耐腐蚀，缩水率小	400 元 /m^2 以上	
印茄木	◎ 结构略粗，纹理交错 ◎ 稳定性能佳 ◎ 花纹美观 ◎ 耐久、耐磨性能好	500 元 /m^2 以上	
白栓木（白蜡木）	◎ 深红色至淡红棕色 ◎ 纹理通直，细纹里有狭长的棕色髓斑 ◎ 有斑及微小的树脂囊 ◎ 结构细腻，密度较大 ◎ 防潮性差，硬度中等，耐冲击、载荷	160 元 /m^2 以上	
香脂木豆	◎ 颜色赤红到深红，具有尊贵感 ◎ 木材耐腐蚀性能优等 ◎ 能抗菌、虫危害，抗蚂蚁性好 ◎ 非常适合南方虫蚁多的地区使用 ◎ 价格高，不好打理	300 元 /m^2 以上	
黑檀木	◎ 黑色夹有灰褐色或浅红色的条纹 ◎ 有光泽，耐腐蚀，无特殊气味 ◎ 耐磨，不变形，含油性高 ◎ 不易开裂，略有透明感 ◎ 纹理直，结构细腻而均匀 ◎ 强度极高，干缩率小	500 元 /m^2 以上	

2. 实木地板的应用技巧

（1）建议先选品种，再选花色

实木地板的原材料因为生长地区和气候的差别，具有不同的特点。在选择实木地板时，可以先根据地区气候情况选择恰当的木种，而后再选择颜色。例如花梨木以及柚木的硬度比较大，如果气候潮湿，宜从耐久度上考虑；樱桃木等耐久力强，且不需要做防腐处理。

需要注意的是，即使是实木地板中耐潮的品种，在潮湿环境中也容易变形，若餐厅距离厨房特别近，则不建议使用实木地板。

◀卧室内人流较少，非常适合使用实木地板，能够增加使用的舒适性

（2）尺寸选短不选长

实木地板规格的选择原则为：宜窄不宜宽，宜短不宜长。原因是小规格的实木板更不容易变形、翘曲，价格上要低于宽板和长板，铺设时也更灵活，且现在大部分的居室面积都比较中等，铺设小板块实木地板后比例会更协调。

需要注意的是，如果是别墅等面积大的空间，则不适合选择小板块实木地板。

▲小板块的实木地板，在小面积的卧室中，感觉更协调

（3）可拼接铺贴

实木地板的耐磨性要比地砖差一些，但是脚感和环保性以及装饰性更佳，在客厅使用可以彰显品位，提高生活品质。而很多户型中的餐厅和客厅都是开敞式的，此时可以进行拼接铺贴，在客厅使用实木地板，而过道和餐厅使用地砖。

需要注意的是，采用此种方式铺贴时，应使两侧的高差一致。

▲客厅铺设实木地板，过道采用仿古砖，不仅地面层次更丰富，也充分满足了舒适性的需求

支招！实木地板的鉴别与选购

① 测量地板的含水率

国家标准规定实木地板的含水率为 8%~13%。一般实木地板的经销商应有含水率测定仪可供检测，购买时，先测展厅中选定的实木地板含水率，然后再测未开包装的同材种、同规格的实木地板的含水率，如果相差在 ±2%，可认为合格。

② 检查基材的缺陷

先检查是否为同一树种，种类是否混乱，地板是否有死节、活节、开裂、腐朽、菌变等缺陷。由于实木地板是天然木制品，会存在一定色差和颜色不均匀的现象，只要不是特别明显，则不属于质量问题。

实木地板应用案例解析

设计说明 桃花芯木实木地板属于高档地板的一种，硬度较高，用在客厅中非常合适。它的色彩较重，搭配灰色墙面和彩色沙发，活泼而时尚。

桃花芯木实木地板

设计说明 榉木实木地板色彩较浅，非常适合小户型使用，搭配北欧风格的家具，简洁而具有淳朴感。

榉木实木地板

实木复合地板：

层数越多越好

木地板常见问题大揭秘

实木复合地板兼具实木地板和强化地板的优点，既有实木地板的美观性，又有强化地板的稳定性。其自然美观，脚感舒适；耐磨、耐热、耐冲击；阻燃、防霉、防蛀，隔声、保温，不易变形，铺设方便。实木复合地板的种类丰富，适合多种风格的家居使用。但它与实木地板一样，不适合厨房、卫浴间等易沾水、潮湿的空间。

1. 实木复合地板种类速查表

名称	特点	图片
三层实木复合地板	◎ 将三种不同种类的实木单板交错压制而成 ◎ 最上层为表板，为实木材料，保持纹理的清晰与优美 ◎ 中间层为芯板，常用杉木、松木等稳定性较好的实木单板 ◎ 下层为底板，以杨木和松木居多 ◎ 三层板的纹理走向为两竖一横，纵横交错，以加强稳定性 ◎ 耐磨，防腐防潮，抗虫、抗蚁 ◎ 铺设时不需要龙骨，不需使用胶、钉等	
多层实木复合地板	◎ 分为两部分，即表板和基材 ◎ 每一层之间都是纵横交错结构，层与层之间互相牵制 ◎ 是实木类地板中稳定性最可靠的 ◎ 易护理，耐磨性强 ◎ 表层为稀有木材，纹理自然、大方 ◎ 稳定性强，冬暖夏凉 ◎ 防水，不易变形开裂 ◎ 铺设时不需要龙骨，不需使用胶、钉等	

2. 实木复合地板的应用技巧

（1）小面积空间适合选择浅色系

如果家居空间的面积比较小，挑选实木复合地板的花色时，建议选择色彩浅淡一些的品种，浅色系或浊色系均可，搭配白色或浅色系的墙面，能够让居室显得温馨而又宽敞。因地面的面积较大，若色彩过深，会显得沉闷。

需要注意的是，如果房间较矮，地板的色调不宜过于接近白色，否则会显得房间更矮。

▲浅褐色的地板搭配米灰色的墙面，为居室增添了自然感，同时与白色顶面拉开了差距，在视觉上拉伸了房高

（2）装饰墙面或顶面更个性

实木复合地板比实木地板更耐磨且易打理，所以它不仅可以用在地面上，还可用于装饰顶面和墙面，来塑造个性化的居室。比起木纹饰面板来说，它具有较为规律的拼接缝隙且无需刷漆，减少了材料的使用，更环保一些。

需要注意的是，除采光好的空间外，顶面不适合使用色彩过深的实木复合地板。

◀空间虽然小但采光很好，设计师用实木复合地板将顶面与地面进行呼应，显得整体而个性

（3）卧室与家具色彩呼应，更舒适

大部分家庭的卧室都需要营造平稳、舒适的环境。在选择实木复合地板时，若空间内有大面积的家具，可以挑选与其色系相同（不同深浅）或者是色系靠近的款式，这样做能够使整体氛围更内敛、平稳，同时一些微弱的色差还能避免单调感。

需要注意的是，如果家具色彩较重，可以加大地板的色差，避免空间氛围过于压抑。

▲实木复合地板与床及其周围的色彩既呼应又具有色调上的变化，使卧室在统一中又蕴含层次感

实木复合地板的鉴别与选购

① 查验环保指标

使用脲醛树脂制作的实木复合地板，都存在一定的甲醛释放量，环保实木复合地板的甲醛释放量必须符合国家标准 GB 18580—2017 中的要求，即≤ 1.5mg/L。

② 表层的厚度很重要

实木复合地板表层的厚度决定其使用寿命，表层板材越厚，耐磨损的时间就越长。欧洲实木复合地板的表层厚度一般要求在 4mm 以上。

③ 测试胶合性

实木复合地板的胶合性是该产品的重要质量指标，直接影响使用功能和寿命。可将实木复合地板的样品放在 70℃的热水中浸泡 2 h，观察胶层是否开胶，如开胶，则不宜购买。

实木复合地板应用案例解析

多层实木复合地板

设计说明 用纹理自然的多层实木复合地板搭配灰色沙发墙，塑造出简约又不冷硬的基调，再将温馨感十足的布艺家具与实木家具加入进来，使客厅在简约中不乏温暖、柔和的感觉。

设计说明 实木复合地板的纹理最接近实木地板，但相比实木地板更易打理。本案例中使用深棕色的三层实木复合地板搭配米色的墙面和白色顶面，充分体现了现代轻奢感。

三层实木复合地板

强化地板：

耐磨转数 1 万转为优等品

实木地板、实木复合地板、强化地板哪种更适合你家

强化地板俗称“金刚板”，也叫作“复合木地板”“强化木地板”。一些企业出于不同的目的，往往会自己命名，例如超强木地板、钻石型木地板等。不管其名称多么复杂、多么不同，这些板材都属于强化地板。它不需要打蜡，日常护理简单，价格选择范围大，各阶层的消费者都可以找到适合的款式。但它的甲醛含量容易超标，选购时须仔细检测。

1. 强化地板种类速查表

名称	特点	参考价格	图片
水晶面强化地板	◎ 易清洗 ◎ 表面光滑，色泽均匀 ◎ 防潮防滑，防静电 ◎ 质轻，弹性好	160~260 元 /m^2	
浮雕面强化地板	◎ 保养简单 ◎ 表面光滑，有木纹状的花纹 ◎ 应避免坚硬物品划伤地板	150~200 元 /m^2	
锁扣强化地板	◎ 在地板的接缝处采取锁扣形式 ◎ 铺装简便，接缝严密，整体铺装效果佳 ◎ 防止地板接缝开裂	180~300 元 /m^2	
静音强化地板	◎ 可以降低踩踏地板时发出的噪声 ◎ 铺上软木垫，具有吸声、隔声的效果 ◎ 脚感舒适 ◎ 不需打蜡护理	200~350 元 /m^2	
防水强化地板	◎ 在地板的接缝处涂抹防水材料 ◎ 性价比高 ◎ 环保，寿命长	180~300 元 /m^2	

2. 强化地板的应用技巧

（1）浮雕面强化地板适合老人房

带有浮雕面的强化地板非常适合在老人房中使用，它的防滑性能更出色一些，可以提高使用的安全性，非常符合老人的年龄特征。若同时搭配一些色彩相近的实木家具，则可以很轻松地营造出具有怀旧感的老人房氛围。

◀老人房内使用浮雕面强化地板，搭配同色系木质家具，安全且具有浓郁的复古气氛

（2）与瓷砖拼接时，中间不加过门石更美观

强化地板虽然是地板中最容易打理的，但是也不适合用在厨房中。有一些开敞式的厨房与餐厅相邻，餐厅使用强化地板，厨房使用地砖，或过道使用地砖而卧室使用强化地板。常规情况下，我们会加入过门石做过渡，但过门石的加入总会给人比较突兀的观感，所以在确保做好防水设计后，可以不做过门石，直接将两种材料拼接会更加好看。

▶餐厅岛台周围使用花砖，四周过道则使用强化地板，虽然两者之间没有用过门石过渡，但因为工整的排列，让地面看上去既有层次也不会显得凌乱

强化地板应用案例解析

设计说明 现代美式风格的客厅中，选择一款褐色的水晶面强化地板，从使用角度来说非常实用，从装饰角度来说为空间增添了亲切感，同时与顶面的高色差，还有在视觉上拉伸房高的作用。

水晶面强化地板

设计说明 乡村风格的书房内，选择静音强化地板能够减少走动的声音，很适合书房的功能需求。而地板的棕色与墙面的绿色组合，强化了乡村风格的田园韵味。

静音强化地板

软木地板：

弯曲时无裂痕则为佳

软木地板被称为“地板的金字塔尖上的消费”，其主要材质是橡树的树皮，与实木地板相比，更具环保性、隔声性，防潮效果也更佳。软木地板可以循环使用，具有弹性和韧性，能够产生缓冲，降低摔倒后的伤害程度，非常适合有老人和幼儿的家庭使用。同时，对于软木地板，不用拆除旧地板就可以直接进行铺设。但它的价位较高，且经常需要花费一定的时间进行打理。

1. 软木地板种类速查表

名称	特点	价格区间	图片
纯软木地板	◎ 表面无任何覆盖 ◎ 属于早期产品 ◎ 脚感佳，非常环保	200~500 元 /m^2	
PU 漆软木地板	◎ 有高光、亚光与平光三种漆面 ◎ 造价低廉 ◎ 软木的质量好	100~180 元 /m^2	
PVC 贴面软木地板	◎ 纹理丰富，可选择性高 ◎ 表面容易清洁与打理 ◎ 防水性好	120~200 元 /m^2	
塑料软木地板	◎ 有较高的可塑性 ◎ 触感柔软舒适 ◎ 性价比高	180~340 元 /m^2	
多层复合软木地板	◎ 质地坚固，耐用 ◎ 耐刮划，耐磨 ◎ 工艺先进	300~600 元 /m^2	
聚氯乙烯贴面软木地板	◎ 防水性能好 ◎ 板面应力平衡 ◎ 厚度薄	160~300 元 /m^2	

2. 软木地板的应用技巧

（1）老人房和儿童房的理想选择

软木地板安静、舒适、耐磨，缓冲性能非常好且柔软。孩子非常淘气，经常会摔倒，而老人则因为行动力下降，难免会摔倒，在老人房和儿童房使用软木地板，能够避免因摔倒而产生的磕碰和危险，为家人提供更安全的环境。

◀儿童房使用软木地板，可以为孩子提供更舒适、安全的环境

（2）在厨房中也可放心使用

软木地板与其他地板的最大区别是它具有优异的防潮性能，所以在开敞式的厨房中，也可以放心地使用。其不仅让厨房更美观、更具品位，还可以利用弹性和防滑性为烹饪者提供更舒适的工作环境。

需要注意的是，虽然软木地板的防潮性能很好，但干湿不分离的卫浴间内不适合使用。

▲在厨房内使用软木地板，不仅舒适，而且能够彰显家居的品位和高档感

软木地板应用案例解析

设计说明 开敞式的厨房内，地面使用带有花纹的 PU 漆软木地板，搭配灰色和白色为主的橱柜，时尚、个性又不失家的温馨，彰显品位和个性。

PU 漆软木地板

设计说明 在卧室内使用软木地板能够静音、保温，且脚感舒适。选择浅褐色的纯软木款式，搭配实木家具，具有复古的气质。

纯软木地板

竹木地板：

六面都淋漆才不会变形

竹木地板以天然优质竹子为原料，经过二十几道工序，脱去竹子原浆汁，经高温高压拼压，再经过涂刷多层涂料，最后用红外线烘干而成。它有竹子的天然纹理，清新文雅，给人一种回归自然、高雅脱俗的感觉。其纹理细腻流畅，防潮、防湿、防蚀，韧性强，有弹性，兼具原木地板的自然美感和陶瓷地砖的坚固耐用。但竹木地板与实木地板相比，由于原材料的纹理较单一，所以样式有一定的限制。

1. 竹木地板种类速查表

名称	特点	价格区间	图片
实竹平压地板	◎ 采用平压工艺制作而成 ◎ 纹理自然，质感强烈 ◎ 防水性能好	120~220 元 /m^2	
实竹侧压地板	◎ 采用侧压工艺制作而成 ◎ 纹理清晰，时尚感强 ◎ 耐高温，不易变形	120~220 元 /m^2	
实竹中衡地板	◎ 质地坚硬 ◎ 表面有清凉感 ◎ 防水、防潮、防蛀虫	100~180 元 /m^2	
竹木复合地板	◎ 采用竹木与木材混合制作而成 ◎ 有较高的性价比 ◎ 纹理多样，样式精美	130~260 元 /m^2	
重竹地板	◎ 采用上等的竹木制作而成 ◎ 纹理细腻自然，丝质清晰 ◎ 平整平滑，不蛀虫，不变形	90~160 元 /m^2	

2. 竹木地板的应用技巧

（1）简约风格宜选择本色产品

竹木地板分为碳化色和本色两大类别。碳化色竹木地板色彩浓厚，适合比较稳重的室内风格。本色竹木地板为竹本色，即金黄色，比较适合用在简约风格的家居中，搭配无色系家具可以让空间显得清新亮丽、简约大方，既能够增添一些温馨感，又不会让人感觉过于抢眼。

需要注意的是，竹木地板的花纹宽窄建议结合居室面积选择，小空间选择窄板更佳。

◀米黄色的竹木地板搭配黑色和白色为主的家具，使客厅显得简洁、大方，又不失家的温馨

（2）小户型可选亮面产品

如果家居户型较小，建议选择浅色系亮面的竹木地板，整体式地在公共区内铺设。其光亮的表面能够反射一些光线，让家居空间看起来更宽敞、明亮。

需要注意的是，搭配家具时建议选择深色系，否则地面容易显得过于轻飘。

▲家居空间内面积很小，使用亮面的竹木地板，通过地面光线的反射，使空间显得更宽敞、明亮

竹木地板应用案例解析

设计说明　竹木复合地板属于竹木地板中花色较多的款式，兼具木地板和竹地板的特色，将其用在卧室中，装饰效果较好且性价比较高。案例中选择棕红色的竹木复合地板搭配米色墙面，兼具活泼感和高雅感。

竹木复合地板

设计说明　卧室中选择用碳化后的实竹侧压地板搭配浅色墙面，塑造出具有明快感的整体基调。而家具和布艺的选择都与地板色彩呼应，做深浅变化，给人十分雅致的感觉。

实竹侧压地板

PVC 地板：

厚度在 2~3mm 最佳

PVC 地板也叫“塑胶地板”，是以聚氯乙烯及其共聚树脂为主要原料，加入填料、增塑剂、稳定剂、着色剂等辅料，在片状连续基材上，经涂覆工艺或经压延、挤出或挤压工艺生产而成，是当今世界上非常流行的一种新型轻体地面装饰材料，被称为“轻体地材”。它吸水率高、强度低，很容易断裂，但花色众多，很适合在短期居所内使用。

1.PVC 地板种类速查表

名称	特点	参考价格	图片
PVC 片材地板	◎ 铺装相对卷材简单 ◎ 维修简便，对地面平整度的要求相对卷材不是很高 ◎ 价格通常较卷材低 ◎ 接缝多，整体感相对卷材弱 ◎ 外观档次相对卷材低 ◎ 质量要求标准相对卷材低，质量参差不齐 ◎ 铺装后卫生死角多	50~200 元 /m^2	
PVC 卷材地板	◎ 接缝少，整体感强，卫生死角少 ◎ PVC 含量高，脚感舒适，外观档次高 ◎ 若正确铺装，因产品质量而产生的问题会较少 ◎ 价格通常较片材高 ◎ 对地面的反应敏感程度高，要求地面平整、光滑、洁净 ◎ 铺装工艺要求高，难度大 ◎ 破损时，维修较困难 ◎ 若接缝烧焊，焊条易弄脏地面	150~500 元 /m^2	

2.PVC 地板的应用技巧

（1）木纹产品更具高档感

PVC 地板的花色品种繁多，如纯色、地毯纹、石纹、木地板纹等，甚至可以实现个性化定制。其纹路逼真美观，配以丰富多彩的辅料和装饰条，能组合出绝美的装饰效果。但在家居环境中，建议选择木纹的款式，会有仿实木地板的感觉，使空间显得更高档。

需要注意的是，卷材的仿木纹款式效果要更好一些。

▲在家居中，使用仿木地板质感的 PVC 地板比其他图案的 PVC 地板要显得更高档一些

（2）不适合用在潮湿的区域

PVC 地板虽然性能强大，但也不是所有的空间都适合使用。它的透气性不佳且不耐日晒，所以家居中阳光充足的阳台及潮湿的卫浴间中就不适合使用。长期的日晒及潮湿容易破坏底层的胶，造成底部发霉、翘曲或膨胀变形。

需要注意的是，如果位于比较潮湿的地区，也不建议使用 PVC 地板铺设地面。

◀ PVC 地板更适合用在比较干燥的区域，不容易发生霉变和出现其他质量问题

（3）可直接铺在地砖上，做拼接效果

PVC 地板很适合在出租屋内使用。很多出租屋内都采用地砖材质，如果想要追求个性一些的效果又不想做太大的改造，就可以在部分地砖上铺设木纹款式的 PVC 地板，再搭配一块地毯，就形成了木地板与地砖拼接式的地面效果。

需要注意的是，做此种操作时尽量不要用胶带来粘贴，可以不固定或者用胶涂在底部固定。

◀将木纹 PVC 地板放在沙发下方，与原有白色地砖做拼接，再搭配一块地毯，非常有个性

PVC 地板的鉴别与选购

① 外观不能有显著缺陷

表面不应有裂纹、断裂、分层的现象，允许轻微的褶皱、气泡、漏印、缺膜，套印偏差、色差、污染不明显，允许轻微图案变形。

② 注意厚度

选购 PVC 地板时，一定要注意厚度，越厚的产品通常质量越好。一般情况下，选用厚度为 2.0~3.0mm、耐磨层为 0.2~0.3mm 的 PVC 地板即可。

③ 选品牌产品

PVC 的原料好坏很难用肉眼判断，而回收料制成的产品无论是环保性还是耐用性都比原生料差。选择品牌产品可以避免买到回收料制成的产品而危害健康。

PVC 地板应用案例解析

设计说明 用仿实木纹理的 PVC 地板搭配木墙面和楼梯，能够在视觉上形成混淆的效果，既美观又经济，非常适合小面积的户型。

PVC 地板

设计说明 经济型的小户型，且公共区为开敞式。由于面积不大，铺设难度小，所以很适合铺设 PVC 地板。可以在客厅区域搭配一块地毯，方便打理，老旧后还可随时更换，保持新鲜感。

PVC 地板

榻榻米：

外观平整为佳

除了常见的各种地板外，还有一种近年来深受人们喜爱的地材，就是榻榻米。榻榻米源于日本，适合搭配地台使用。榻榻米是用蔺草编织而成，一年四季都铺在地上供人坐或卧的一种家具。榻榻米在选材上有很多种组合，面层多为稻草，能够起到吸放湿气、调节温度的作用。若喜欢休闲一些的风格，可以在家里设计一个榻榻米，用来下棋或者喝茶、聊天都是非常好的。

1. 榻榻米种类速查表

名称	特点	参考价格	图片
稻草芯榻榻米	◎ 市面上最为多见，是最传统的做法 ◎ 稻草要自然晾干 1 年左右，再靠机器烘干，交错放置 7 层后缝制而成 ◎ 能够调节湿气 ◎ 需要经常晾晒，怕潮 ◎ 受潮后容易长毛和生虫 ◎ 不是很平整	110~200 元 /m^2	
无纺布芯榻榻米	◎ 由无纺布叠压编织制成 ◎ 无纺布是一种可降解的材料，非常环保 ◎ 具有更稳定的效果 ◎ 不易变形且平整	310~1000 元 /m^2	
木质纤维板芯榻榻米	◎ 可夹一层泡棉，整体感觉偏硬 ◎ 密度大，平整，防潮，易保养 ◎ 无需担心发霉的现象 ◎ 不能用在地热上，烘烤后会发酥	130~500 元 /m^2	

2. 榻榻米的应用技巧

（1）可以利用阳台分割出小休闲区

如果家中没有可以单独做成榻榻米的房间，可以将阳台利用起来，下方做成地台，上方铺设榻榻米，做成一个小的休闲区。若不习惯席地而坐，还可以安装一个升降桌，虽然价格较高，但功能会更多。

需要注意的是，阳台光照较充足，适合选择稻草芯和无纺布芯的榻榻米。

▲休闲用的榻榻米并不需要太多的空间，阳台就可以满足需求

（2）可结合飘窗共同造型

飘窗在现代楼房中非常常见，如果出现在小面积的房间内，摆放床后就会空余一定的面积无法完全利用。这种情况下，可以将飘窗利用起来，延伸出一段距离，底部用实木做出地台，上方铺设榻榻米，做固定式的床，就会有更多的空间可以利用。

需要注意的是，如果窗的保暖效果不佳，则不适合采用这种方式。

►将飘窗的凸出部分利用起来，做成一个整体式的固定床，既满足了躺着休息的需求，又留出了很多空间

（3）非常适合用在小房间内

榻榻米特别适合用在小面积的空间内，它可在最小的范围内，展示最大的空间，具有床、地毯、椅子或沙发等多种功能。同样大小的房间，铺榻榻米的费用仅是西式布置的（1/4）~（1/3）。

需要注意的是，如果空间内比较潮湿，则不适合使用榻榻米。

▲小面积空间内，使用榻榻米代替床，既可以睡眠，又可以休闲，非常实用

榻榻米的鉴别与选购

① 正面查看草席

榻榻米的外观应平整挺拔，绿色席面应紧密、均匀、紧绷，双手向中间紧拢没有多余的部分；用手推席面，应没有折痕；草席接头处，“丫”形缝制应斜度均匀，棱角分明。

② 查看侧面包边及底衬

包边应针脚均匀，米黄色维纶线缝制，棱角如刀刃；底部应有防水衬纸，采用米黄色维纶线缝制，无跳针线头，通气孔均匀；四周的厚度应相同，硬度相等。

③ 劣质榻榻米的特点

劣质榻榻米表面有一层发白的泥染色素，粗糙且容易褪色。填充物的处理不到位，使草席内掺杂灰尘、泥沙。榻榻米的硬度不够，易变形。

榻榻米应用案例解析

设计说明 稻草芯榻榻米的质感更柔软，可以调节湿度，非常适合用在卧室中。将小房间的一半做成榻榻米，不但比床有更多功能，且能容纳更多人使用。

稻草芯榻榻米

设计说明 木质纤维板芯榻榻米硬度更高，非常适合用在非阳台区域的棋室、茶室中，能够完全将之前无法利用的小空间充分利用起来，为家居增添一分文雅的气质。

木质纤维板芯榻榻米

瓷砖：种类规格复杂，理性选择省钱多

选购瓷砖，你最想知道的都在这里

根据工艺与制作材料的不同，瓷砖有多种类型，每种瓷砖都具有鲜明的特点。不同的瓷砖不仅价格相差较大，在选购、铺设和保养上也有不同的要求。

瓷砖如何规划才能 省钱

（1）湿度较大的空间内墙，选择釉面砖更保险

在湿度较大的卫浴间或厨房墙面，应该选择吸水率较高、耐污性好的釉面砖。其不仅方便清洁，节约精力，也能避免用错材料后墙面不易清理导致保养支出增加。

▲灰白花纹釉面砖，简洁、个性且实用

（2）地面砖要求硬度高，玻化砖实惠又耐用

由于地面经常受到踩踏、摩擦，应该选择强度大又坚硬耐磨的玻化砖，用于行动密集区域的地面，能保持较长时间不出现刮花、裂纹等问题。

▲客厅选择坚硬美观的米黄色玻化砖，装饰效果出色

◀灰色的玻化砖与客厅的整体色彩很搭，纹理图案也不会有太沉闷的感觉

石材：

价格浮动大，规划详细再购买

石材是室内装修中比较常见的装饰材料，一般分为天然石材和人造石材。天然石材装饰性好且纹理质感自然多变，所以常被广泛应用。而人造石材因为由工厂统一加工，在外观和颜色上比天然石材更容易控制，但人造石材的质量与厂家的技术水平有很大关系。

石材如何规划才能 **省钱**

（1）不规则铺装，人造石材更节省

如果家中有异形空间需要装饰，那么可以选择人造石材。相对于适合规则铺装的天然石材，人造石材容易切割，可以塑造不同的造型，损耗费也相对较低。

▲个性人造石材背景墙打造

（2）铺装面积大，天然石材选择大理石更划算

相比较于大理石，花岗岩的装饰效果虽然好，但价格会更高，因此如果需要装饰的面积较大，尽量选择大理石来代替花岗岩，能够减少预算。

◀花岗岩作为电视背景墙局部点缀居室

（3）厨卫空间石材选择，人造石材更实惠耐用

人造石材表面平滑，不透水，与天然石材相比更适合用于卫浴间或厨房之中，不仅方便清理、坚固耐用，而且即使大面积使用，预算也不会太高。

◀厨房墙面以人造石材进行大面积装饰，既好看又便于清理

第四章

墙面装修材料

对于小家而言，为了保证空间的宽敞感，一般不会在墙面做过多的设计。但是这并不代表我们不能对墙面进行点缀，局部或少量的墙面设计，也有可能让家看起来更加特别，并且有一些特殊的墙面材料，还能够让小家看起来更宽敞。

木纹饰面板：

贴面越厚性能越好

怎样选到甲醛含量低的板材

木纹饰面板，全称“装饰单板贴面胶合板”，它是将天然木材或科技木刨切成一定厚度的薄片后，黏附于胶合板表面，然后热压而成的一种用于室内装修或家具制造的面层材料。其在室内不仅可用于墙面装饰，还能装饰柱面、门、门窗套等部位，种类繁多，适合各种家居风格，施工简单，是应用比较广泛的一种板材。只有了解每种板材的特点、价格及使用部位，才能更好地利用它来美化室内环境。

1. 木纹饰面板种类速查表

名称	分类	特点	参考价格	图片
榉木	▲ 红榉 ▲ 白榉	◎ 红榉稍偏红色，白榉呈浅黄色 ◎ 纹理细而直或呈均匀点状 ◎ 耐磨、耐腐、耐冲击 ◎ 干燥后不易翘裂 ◎ 非常适合做透明漆涂装	85~290 元 /m^2	
水曲柳	▲ 山纹 ▲ 直纹	◎ 黄白色或褐色略黄 ◎ 纹理直，花纹美丽，无光泽 ◎ 结构细腻，胀缩率小 ◎ 耐磨、抗冲击 ◎ 刷仿古涂料，效果很高档	70~320 元 /m^2	
胡桃木	▲ 红胡桃 ▲ 黑胡桃 ▲ 南美胡桃木	◎ 红色、浅棕色或深巧克力色 ◎ 色泽优雅 ◎ 纹理粗而富有变化 ◎ 耐腐蚀、耐潮湿 ◎ 透明漆涂装更加美观 ◎ 涂装次数宜多 1~2 道	105~450 元 /m^2	

续表

名称	分类	特点	参考价格	图片
樱桃木	▲ 红樱桃 ▲ 美国樱桃	◎ 粉色、艳红色或棕红色 ◎ 纹理细腻、清晰，木纹通直 ◎ 结构细且均匀 ◎ 弯曲性能好 ◎ 强度中等 ◎ 效果稳重、典雅	85~320 元 /m^2	
花樟木	▲ 印刷纹 ▲ 旋切纹 ▲ 横切纹	◎ 木纹细腻而有质感 ◎ 纹理呈球状，大气、活泼，立体感强 ◎ 有光泽 ◎ 密度大、耐腐蚀 ◎ 具有较强的实木质感	95~380 元 /m^2	
柚木	▲ 泰柚 ▲ 金丝柚木	◎ 色泽金黄 ◎ 木质坚硬适中 ◎ 纹理线条优美 ◎ 装饰效果高贵、典雅 ◎ 含油量高、胀缩率小 ◎ 不易变形、变色	110~280 元 /m^2	
枫木	▲ 直纹 ▲ 山纹 ▲ 球纹 ▲ 树榴	◎ 乳白色带轻微红棕色 ◎ 质感细腻 ◎ 花色均衡或活结多 ◎ 硬度较高，强度高 ◎ 胀缩率高，耐冲击 ◎ 装饰效果高雅	约 360 元 /m^2	
橡木	▲ 红橡 ▲ 白橡	◎ 白色或淡红色 ◎ 质感良好，质地坚实 ◎ 纹理直或略倾斜 ◎ 山纹纹理具有特色及很强的立体感 ◎ 白橡适合搓色及涂装 ◎ 红橡装饰效果活泼、个性	110~580 元 /m^2	

续表

名称	分类	特点	参考价格	图片
檀木	▲ 沈檀 ▲ 绿檀 ▲ 紫檀 ▲ 黑檀 ▲ 红檀	◎ 不同品种的颜色不同 ◎ 纹理绚丽多变 ◎ 纹理紧密，木质较硬 ◎ 板面庄重而有灵气 ◎ 装饰效果浑厚大方	180~760 元 /m^2	
沙比利	▲ 直纹 ▲ 花纹 ▲ 球形	◎ 红褐色 ◎ 木质纹理粗犷 ◎ 光泽度高，直纹款式有闪光感和立体感 ◎ 表面处理的性能良好 ◎ 可涂装着色漆，仿古、庄重	70~430 元 /m^2	
铁刀木	▲ 细纹 ▲ 粗纹	◎ 紫褐色深浅相间成纹 ◎ 肌理致密，纹理优美 ◎ 酷似鸡翅膀，又称鸡翅木 ◎ 装饰效果浑厚大方 ◎ 耐磨，耐划，耐湿 ◎ 能抗菌虫危害	105~390 元 /m^2	
影木	▲ 红影 ▲ 白影	◎ 乳白色或浅棕红色 ◎ 纹理为波状，具有极强的立体感 ◎ 从不同角度欣赏，有不同的美感 ◎ 结构细且均匀，强度高 ◎ 特别适合 90° 对拼	75~260 元 /m^2	
麦哥利	无	◎ 色泽黄中透红 ◎ 纹理柔和细腻 ◎ 硬度适中 ◎ 涂清漆后，光泽度佳 ◎ 效果温馨而不失高雅	85~300 元 /m^2	

续表

名称	分类	特点	参考价格	图片
榆木	▲ 黄榆 ▲ 紫榆	◎ 黄榆为淡黄色，紫榆为紫黑色 ◎ 纹理直长且通达清晰 ◎ 弦面花纹非常美丽 ◎ 结构细而均匀，光泽感强 ◎ 适合浮雕工艺 ◎ 效果朴实、自然	100~270 元 /m^2	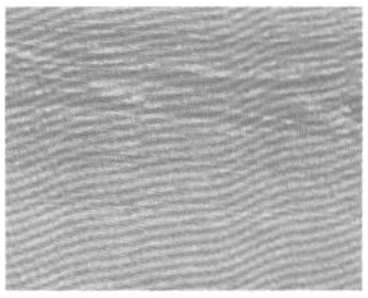
乌金刚	无	◎ 呈黑褐色 ◎ 木质紧密 ◎ 纹理清晰且按一定的方向排列 ◎ 给人一种自然的韵味 ◎ 富有节奏感，立体感强 ◎ 装饰效果现代、优雅	145~460 元 /m^2	
树瘤木	▲ 雀眼树瘤 ▲ 玫瑰树瘤	◎ 雀眼树瘤：斑纹似雀眼，适合与其他饰板搭配，有画龙点睛的效果 ◎ 玫瑰树瘤：质地细腻、色泽鲜艳、图案独特，适用于点缀	65~210 元 /m^2	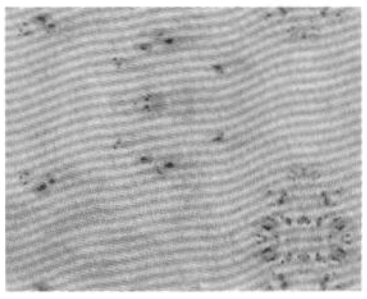
斑马木	▲ 直纹 ▲ 山纹 ▲ 乱纹	◎ 棕色条纹与黑色条纹相间 ◎ 色泽深、鲜艳 ◎ 纹理华美 ◎ 线条清楚 ◎ 装饰效果独特	165~450 元 /m^2	

2. 木纹饰面板的应用技巧

木纹饰面板的种类选择可结合面积和采光

在面积小、采光不佳的房间内，建议选择颜色较浅、花纹不明显的类型，例如榉木、枫木等；若喜欢深色板材，建议仅在背景墙等重点位置上部分使用；采光佳且面积宽敞的居室内，饰面板的可选择性则更多一些。

需要注意的是，颜色特别深的木纹饰面板最好用在光线充足的房间内。

▲卧室面积不大，但采光佳，背景墙全部使用浅一些的木纹饰面板装饰，简洁、大气且不沉闷

木纹饰面板应用案例解析

胡桃木饰面板

设计说明 设计师将传统的地域文化与东方美学结合，使东南亚风格的家居中融入了中式风格的古雅韵味。沙发墙两侧使用深色胡桃木饰面板，中间搭配浅色瓷砖，形成了凹凸造型。其与白色和木色结合的家具组合，为朴素的客厅增添了节奏感。

设计说明 白橡木饰面板素雅而温润，搭配白色树纹的壁纸和暗藏灯带，让人犹如来到了秋季的丛林中。虽然床头墙的整体造型非常简单，却并不让人感觉冷清。

白橡木饰面板

特殊工艺装饰板：

表面没有明显瑕疵最佳

除了最常用的木纹饰面板外，还有一些特殊工艺制作的装饰板。它们有的可以直接制作家具，有的除了做家具饰面外还可装饰墙面；一些带有实木的纹理效果，一些则没有木纹，例如椰壳板、立体波浪板等。用它们来装饰空间，往往能够获得个性的效果。这类饰面板具有多种多样的外观造型，能适应多种不同空间、不同位置的设计需要，脱离于传统木纹的丰富纹理变化，为空间提供更个性的装饰效果。

1. 特殊工艺装饰板种类速查表

名称	分类	特点	参考价格	图片
护墙板	▲ 整墙板 ▲ 墙裙 ▲ 中空墙板	◎ 原料为实木或木纹夹板 ◎ 健康环保，降噪声 ◎ 拼接组装，可拆卸、重复利用 ◎ 立体板华丽、复古 ◎ 平面板具有简洁的装饰效果	310~850 元 /m^2	
风化板	▲ 直纹 ▲ 山纹	◎ 原料为木皮加底板或实木 ◎ 具有凹凸的纹理感 ◎ 装饰效果天然、粗犷 ◎ 梧桐木最常见，价格也最低 ◎ 怕潮湿，不适合厨房、浴室	400~960 元 /m^2	
椰壳板	▲ 乱纹 ▲ 人字纹 ▲ 回字纹 ▲ 直纹 ▲ 不规则纹	◎ 材料为椰壳，纯手工制成 ◎ 具有超强的立体感和艺术感 ◎ 吸声效果优于白墙 ◎ 硬度高、耐磨 ◎ 防潮、防蛀	300~450 元 /m^2	

续表

名称	分类	特点	参考价格	图片
立体波浪板	▲ 直波纹 ▲ 水波纹 ▲ 蝌蚪纹 ▲ 雪花纹 ▲ 冲浪纹 ▲ 金甲纹 ▲ 纺织纹	◎ 复合材料制造 ◎ 立体感强，色彩丰富 ◎ 天然环保，无甲醛 ◎ 吸声、隔热、阻燃 ◎ 材质轻盈，防冲撞 ◎ 易施工	80~150 元 /m^2	
免漆板	▲ 木纹 ▲ 布纹	◎ 原料为纹理纸和三聚氰胺树脂胶黏剂 ◎ 也称作三聚氰胺板 ◎ 绿色、环保 ◎ 表面光滑，色彩丰富 ◎ 防火、离火自熄 ◎ 耐磨、抗酸碱	90~150 元 /m^2	
科定板	▲ 木纹	◎ 底层为板材，表层为木皮 ◎ 面层自带漆膜，无需涂装 ◎ 绿色环保建材 ◎ 表面光滑，色彩丰富 ◎ 可以还原各种稀有木材的纹理 ◎ 施工低粉尘	80~140 元 /m^2	
美耐板	▲ 纯色 ▲ 仿木纹 ▲ 仿石材	◎ 原料为装饰纸和牛皮纸 ◎ 款式及花样多 ◎ 耐高温、高压 ◎ 耐刮，防焰 ◎ 耐脏，易清理 ◎ 转角接缝明显	50~110 元 /m^2	

2. 特殊工艺装饰板的应用技巧

（1）仅护墙板可于墙面大面积使用

在所有的特殊工艺装饰板中，护墙板是唯一适合大面积用于墙面的。与其他装饰板不同的是，它不仅适用于背景墙部分，而且居室内的所有墙面可全部使用。

需要注意的是，小面积居室适合简约造型的浅色款式，而大户型则更适合复杂造型的深色款式。

◀客厅的面积不大，选择蓝色的护墙板装饰电视背景墙，既让整个空间有了视觉重点，又不会让人感觉拥挤

（2）选择特殊工艺装饰板时可结合家居风格

在选择特殊工艺装饰板时，结合家居风格来决定具体的款式，比较容易获得协调的装饰效果。其中，护墙板适用于欧美系风格居室；椰壳板适用于自然风格居室；立体波浪板适用于简约风格或现代风格居室；其他木纹纹理的饰面板则所有风格均适用，选择对应的色彩即可。

▲椰壳板具有浓郁的质朴感，用在东南亚风格的居室内，做背景墙主材，协调且个性

特殊工艺装饰板应用案例解析

护墙板，整墙板

设计说明 本案中设计师将原木纹理的护墙板用在墙面靠近顶面的位置上，下方则使用白色的护墙板，并在重点背景墙部分搭配了壁纸，打破了因护墙板变化少导致的呆板感，使居室整体既有护墙板固有的低调华丽感，又不失细节美和层次感。

立体波浪板

设计说明 简约风格的楼梯间中，背景墙部分使用橘黄色的立体波浪板，搭配大面积的白色，活泼、个性。虽然立体波浪板的纹理很丰富，但因其一体成型的设计方式，给人的感觉非常简洁、大方。与其他平面式的材质通过造型塑造的立体感相比，立体波浪板更独特、更环保。

构造板材：

纹理清晰，无裂最佳

用颗粒板做柜子环保吗

构造板材是指能够制作家具、门、墙面装饰以及隔墙的基层板材，最常用的就是大家熟知的细木工板、刨花板等。近年来，又有很多新的种类出现，如欧松板、奥松板等。其种类繁多，虽然都用于构造，但不同的种类作用和特点不同。只有了解每种板材的适用部位，才能更好地制作木作的结构。

1. 构造板材种类速查表

名称	特点	参考价格	图片
细木工板	◎ 由两片单板中间胶压拼接木板而成 ◎ 质轻，易加工，握钉力好 ◎ 芯材种类繁多 ◎ 承重能力强 ◎ 竖向的抗弯压强度差 ◎ 怕潮湿，怕日晒 ◎ 结构易发生扭曲，易起翘变形	120~310 元 / 张	
欧松板	◎ 适合追求个性化的人群，可省去面层装饰 ◎ 甲醛释放量极低，可与天然木材相媲美 ◎ 质轻，易加工，握钉力好 ◎ 无接头、缝隙、裂痕 ◎ 整体均匀性好，结实耐用 ◎ 纵向抗弯强度比横向大得多 ◎ 厚度稳定性差	130~350 元 / 张	
奥松板	◎ 内部结合强度极高 ◎ 用辐射松制成，环保耐用 ◎ 色泽、质地均衡统一 ◎ 稳定性好，硬度大 ◎ 易于油染、清理、着色、喷染及各种形式的镶嵌和覆盖 ◎ 具有木材的强度和特性，避免了木材的缺点 ◎ 缺点是不容易吃普通钉	130~220 元 / 张	

续表

名称	特点	参考价格	图片
多层板	◎ 将木薄片用胶黏剂胶合而成的三层或多层的板状材料 ◎ 也叫胶合板 ◎ 质轻，易加工 ◎ 强度好，稳定性好，不易变形 ◎ 易加工和涂饰、绝缘 ◎ 缺点是含胶量大，容易有污染	85~190 元 / 张	
刨花板	◎ 也叫颗粒板、微粒板 ◎ 原料为木材或其他木质纤维素材料 ◎ 横向承重力好 ◎ 耐污染，耐老化 ◎ 防潮性能不佳 ◎ 市场种类繁多，导致优劣不齐	65~165 元 / 张	
实木指接板	◎ 原料为各种实木 ◎ 用胶少，环保、无毒 ◎ 可直接代替细木工板 ◎ 追求个性效果，无需叠加饰面板 ◎ 带有天然纹理，具有自然感 ◎ 耐用性逊于实木，受潮易变形	110~180 元 / 张	
中密度纤维板	◎ 原料为木质纤维或其他纤维及合成树脂 ◎ 结构均匀，材质细密 ◎ 性能稳定，耐冲击 ◎ 表面光滑平整，易加工 ◎ 做涂料效果的首选基材 ◎ 耐潮性差、遇水膨胀 ◎ 握钉力较差	80~220 元 / 张	

2. 构造板材的应用技巧

（1）根据使用部位选择构造板材的种类

构造板材的种类较多，很多人不清楚应该怎么选择。具体使用时，可根据使用部位以及居住人群的不同，从板材的环保性及耐久性等方面来综合考虑。例如，儿童房和老人房尽量以环保为选择出发点；若房间较潮湿，则应选择耐潮的类型；若需要加工成别的造型，则应注重握钉能力；如果家具上需要摆放的重物较多，则应选择横向承重能力佳的种类等。

需要注意的是，当有较多的选择时，可结合其他部位的用材，尽量选择统一的材料，可降低损耗。

◀小方柱组成的镂空式隔断，用细木工板、实木指接板或多层板均可，建议结合居室其他部位的用材进行选择

（2）构造板材使用数量的控制很关键

现在，人们在装饰室内空间时很注重环保性，即使购买了环保板材也不代表能够完全保证室内的环保系数是合格的，其关键在于板材数量的控制。合格并不代表没有污染，只表示污染物含量较低，所以当使用的构造板材数量多的时候，同样会使污染物超标。因此，控制构造板材的使用数量才是环保的关键。

▲少量地在现场制作木构造，才能减少构造板材的使用，从而减少污染物的产生

构造板材应用案例解析

实木指接板

设计说明 在简约风格的书房内，墙面采用实木指接板做开敞式书柜，并且在窗户的下方设置一排书柜作为飘窗，充分地利用空间。这里的指接板没有叠加饰面材料，而是直接裸露本色，搭配灰色墙面漆与白色护墙板，呈现出简约、舒适的氛围。

设计说明 墙面造型基材适合的构造板材很多，对于有孩子的家庭而言，选材上首先宜考虑环保性，且造型较简单、跨度小，所以使用了奥松板作为造型的基层材料。

奥松板

乳胶漆：

闻起来无刺激气味为环保产品

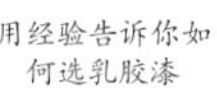

用经验告诉你如何选乳胶漆

选购乳胶漆，你的钱真的花对了吗

乳胶漆是乳胶涂料的俗称，是以丙烯酸酯共聚乳液为代表的一大类合成树脂乳液涂料，它属于水性涂料，是以合成树脂乳液为基料，填料经过研磨分散后加入各种助剂精制而成的涂料。其具备与传统墙面涂料不同的众多优点，例如易于涂刷、干燥迅速、漆膜耐水、耐擦洗性好、抗菌且无污染、无毒，是最常见的装饰漆之一。业主可以根据自身喜好和家居整体风格来调整乳胶漆的颜色。

1. 乳胶漆种类速查表

名称	特点	参考价格
水溶性乳胶漆	◎ 以水作为分散介质，无污染、无毒、无味 ◎ 色彩柔和 ◎ 易于涂刷、干燥迅速 ◎ 漆膜耐水、耐擦洗性好	150~500 元 / 桶
溶剂型内墙乳胶漆	◎ 是一种挥发性涂料，高温容易起火 ◎ 低温施工时性能优于水溶性乳胶漆 ◎ 耐候性、耐水性、耐酸碱性、耐污染性佳 ◎ 有较好的厚度、光泽度 ◎ 潮湿的基层施工易起皮、起泡、脱落	300~600 元 / 桶
通用型乳胶漆	◎ 目前占市场份额最大的一种 ◎ 具有代表性的是丝绸漆，手感光滑、细腻、舒适 ◎ 对基底的平整度和施工水平要求较高	150~500 元 / 桶
抗污乳胶漆	◎ 具有一定抗污功能 ◎ 水溶性污渍能轻易擦掉 ◎ 油渍可以借助清洁剂去除 ◎ 化学物质则不能完全清除	350~1200 元 / 桶
抗菌乳胶漆	◎ 具有抗菌功效，对常见细菌有杀灭和抑制作用 ◎ 涂层细腻丰满 ◎ 耐水、耐霉、耐候性均佳	400~2000 元 / 桶

2. 乳胶漆的应用技巧

给家点“颜色”，拒绝一片惨白

很多人选择墙漆的时候，都是以白色为首选，往往会让家中一片惨白，实际上只需要做小小的改动，选择一款彩色乳胶漆，就可以让家里生动起来。当然，并不是完全不使用白色，而是有主次地将彩色与白色结合起来，将颜色用在恰当的部位上，往往会获得赏心悦目的效果。

需要注意的是，色彩过于热烈的彩色墙漆不适宜大面积地在家居中使用，否则容易让人感觉过于刺激。

▲卧室墙面选择宁静的蓝色乳胶漆，搭配白色的家居，具有海洋般的静谧感觉

▲餐厅用淡蓝色乳胶漆涂刷一半墙面，并且颜色从餐厅延续到了玄关，这样在视觉上有延伸效果，可以放大空间

乳胶漆应用案例解析

水溶性乳胶漆

设计说明 人们在卧室内的时间比较长，使用水溶性乳胶漆更安全、环保，能够保证人体的健康。选择黄色乳胶漆装饰墙面，搭配蓝色和白色组合的床品，表现出地中海风格自由、奔放的特点。

抗菌乳胶漆

设计说明 餐厅是用餐的空间，选择抗菌乳胶漆可以去除一些常见的细菌，提高饮食的健康性。选择米黄色乳胶漆涂刷整体墙面，塑造出高雅、清新的整体感。

环保涂料：

不与水溶的为佳

硅藻泥的秘密

环保涂料指施工过程中无污染，对人体无害，甚至有益于人体健康的涂料，它主要指 VOC（挥发性有机化合物）含量低甚至为零的涂料。现在的人们越来越注重环保与健康，所以环保涂料的种类越来越多，深受人们的喜爱。环保涂料与传统涂料的区别除了前者完全无害外，涂刷效果也更具艺术感和个性，非常适合用来做背景墙。

1. 环保涂料种类速查表

名称	特点	参考价格	图片
硅藻泥	◎ 原料为海底生成的无机化石 ◎ 天然、健康、环保、安全 ◎ 表面有天然孔隙，可吸、放湿气，调节室内湿度 ◎ 能过滤空气内的有害物，净化空气 ◎ 具有石材特性，可防火 ◎ 肌理制作对工艺要求较高 ◎ 硬度较低，容易磨损	270~550 元 /m^2	
墙衣	◎ 由木质纤维和天然纤维制作而成 ◎ 能够充分去除材料中的有害物质，保护人体健康安全 ◎ 款式多，伸缩性和透气性佳 ◎ 施工修补方便 ◎ 可以调节室内湿度 ◎ 为水溶性材质，清理较麻烦	17~50 元 /m^2	
艺术涂料	◎ 原料为天然石灰和自然植物纤维，不含甲醛 ◎ 具有“斑驳感”，表面带有凹凸纹路 ◎ 色彩深浅不一，有自然的质感 ◎ 无接缝，可反复擦洗 ◎ 可自行涂刷 ◎ 不怕潮湿，阻燃	200~380 元 /m^2	

续表

名称	特点	参考价格	图片
蛋白胶涂料	◎ 成分为白垩土和大理石粉等天然粉料 ◎ 以蛋白胶为黏着剂 ◎ 可自然分解，无毒无味 ◎ 加水调和，即可涂刷 ◎ 便于自行涂刷，喷水即可刮除 ◎ 具有高透气性，不易返潮	15~35 元 /m^2	
仿岩涂料	◎ 成分为花岗岩粉末和亚克力树脂 ◎ 表面有颗粒，类似天然石材 ◎ 不易因光线照射而变色 ◎ 花色较少，更适合简约风格及现代风格	40~60 元 /m^2	
灰泥涂料	◎ 原料为石灰岩和矿物质 ◎ 无挥发物质，具有高透气性 ◎ 本身偏碱性，有防霉抗菌的功效 ◎ 带有细孔，可以平衡湿气 ◎ 款式较少 ◎ 可以自行涂刷 ◎ 可直接涂刷于水泥面层，无需批土	17~25 元 /m^2	
甲壳素涂料	◎ 水性环保涂料，主要成分为蟹壳和虾壳 ◎ 涂刷后表面为颗粒状 ◎ 可吸附室内甲醛，并将其分解 ◎ 具有抗菌、防霉的作用 ◎ 可吸附臭味 ◎ 非长效，2~3 年需要重新涂刷一次	20~27 元 /m^2	
液体壁纸	◎ 黏合剂为无毒、无害的有机胶体 ◎ 具有良好的防潮、抗菌性能 ◎ 不易生虫、不易老化 ◎ 光泽度好，款式多样 ◎ 易清洗，不开裂 ◎ 无法自行操作，施工难度较大	60~200 元 /m^2	

2. 环保涂料的应用技巧

根据使用部位选择环保涂料

在使用环保涂料时，可以根据使用部位来决定款式。例如硅藻泥的硬度低，适合用在主卧室或者儿童房内，而在公共区仅适合做背景墙；抗菌性能好的灰泥涂料及防水的艺术涂料，除了用作背景墙外，还可用于卫浴间的墙面。

需要注意的是，环保涂料中无化学黏合剂，防水性不好，一定不能用在潮湿区域内。

▶硅藻泥可以用在卫浴间的背景墙上，其本身带有的天然空隙可以调节卫浴间的湿度，同时也能让卫浴间变得更有质感

支招！环保涂料的鉴别与选购

① 看检测报告和外包装

购买前应查看该品牌的生产企业是否具有有效的权威机构出具的检测报告。而后查看包装袋，是否清楚地标明产品名称、制造厂名、商标、批号、规格型号、执行标准号、产品净质量、生产日期、有效期、产品使用方法和防潮标记等信息。

② 看涂刷样板

环保涂料都是粉状物，很难辨别质量，可以查看涂刷的样板。优质涂料肌理应柔和、质感强，摸起来手感细腻、柔软，有弹性，无反光，色泽柔和。

/ 环保涂料应用案例解析 /

设计说明 本案设计师选择用灰色的艺术涂料大面积地涂刷公共区的墙面。比起乳胶漆，艺术涂料带有肌理的质感，更彰显个性，为现代风格的空间增添了更丰富的细节美。

艺术涂料

硅藻泥

设计说明 在卧室内使用硅藻泥涂刷整个床头墙，可以调节室内的湿度并吸收有害物。本案中选择棕色系的硅藻泥，并做出斑驳的纹理，搭配亚麻布艺软装，使空间具有热带度假气氛。

壁纸：

无味、无破损就是好产品

墙漆和壁纸怎么选

壁纸也是非常常见的家居墙面装饰材料，它施工简单，材质本身健康环保，无毒无害，图案、色彩丰富，设计师可以根据各种家居设计风格选择相应的色调、材质等。值得一提的是，壁纸一般过三年需要再重新更换一次，且不适合用于厨房。这是它与乳胶漆相比，略微逊色的地方。

1. 壁纸种类速查表

名称	特点	价格区间	图片
PVC 壁纸	◎ 原料为 PVC ◎ 吸水率低，有一定的防水性 ◎ 表面有一层珠光油，不容易变色 ◎ 经久耐用 ◎ 透气性不佳，湿润环境中对墙面损害较大	30~80 元 /m^2	
无纺布壁纸	◎ 健康环保，不助燃 ◎ 不易被氧化，不易发黄 ◎ 透气性好 ◎ 属于高档壁纸 ◎ 花色相对来说较单一，而且色调较浅	95~400 元 /m^2	
纯纸壁纸	◎ 全部用纸浆制成的壁纸 ◎ 防潮、防紫外线，透气性好 ◎ 低碳环保，图案清晰 ◎ 施工时技术难度高，容易产生明显接缝 ◎ 耐水、耐擦洗性能差，花纹立体感不强	110~380 元 /m^2	
织物类壁纸	◎ 以丝绸、麻、棉等编织物为原材料 ◎ 物理性能稳定，湿水后颜色基本无变化 ◎ 质感好，透气性好 ◎ 易潮湿发霉 ◎ 价格高	210~600 元 /m^2	

续表

名称	特点	价格区间	图片
木纤维壁纸	◎ 主要原料都是木浆、聚酯合成的纸浆 ◎ 绿色环保，透气性高 ◎ 有相当卓越的抗拉伸、抗撕裂强度，是普通壁纸的 8~10 倍 ◎ 易清洗 ◎ 使用寿命长	150~420 元 /m^2	
金属壁纸	◎ 给人繁复典雅、高贵华丽的视觉感受 ◎ 通常为了特殊效果而小部分使用 ◎ 线条颇为粗犷奔放	200~500 元 /m^2	
植绒壁纸	◎ 底纸是无纺纸、玻纤布，绒毛为尼龙毛和黏胶毛 ◎ 立体感比其他壁纸要出色 ◎ 有明显的丝绒质感和手感 ◎ 不反光，具吸声性 ◎ 无异味，不易褪色 ◎ 不易打理，需精心保养	180~490 元 /m^2	
编织壁纸	◎ 以草、麻、木、竹、藤、纸绳等十几种天然材料为主要原料 ◎ 由手工编织而成的高档壁纸 ◎ 透气，静音，无污染 ◎ 具有天然感和质朴感 ◎ 不适合潮湿的环境	85~270 元 /m^2	
壁贴	◎ 设计和制作好现成图案的不干胶贴纸 ◎ 面积小，可贴在墙漆、柜子或瓷砖上 ◎ 装饰效果强，独具个性 ◎ 价格差异大 ◎ 图案丰富	40~95 元 /m^2	

2. 壁纸的应用技巧

（1）壁纸可根据风格选择图案

除了根据使用部位及价位选择壁纸品种外，图案的选择也是非常重要的，它影响着壁纸铺贴后的美观性。而壁纸的图案有成千上万种，难免让人眼花缭乱，若从家居风格入手选择，会更轻松一些。选择每种风格的代表性图案，无论是用在背景墙上还是做整体铺贴，都会让家居装饰主题更突出。

▲田园风格的客厅内，选择花草图案的壁纸，不仅符合风格的特征，也使田园韵味更加显著

（2）从居住者个性出发选择壁纸的色彩

家居装饰之所以有千万种形态，是因为居住者的不同而导致的。不同职业、不同性别和不同年龄的居住者，其喜好是不同的。反过来说，能够体现居住者特点的家庭装饰，才能够让其有归属感，也才能够让别人感受到与其相符的气质。所以在选择家居空间的壁纸时，特别是私密性的空间，例如卧室内，挑选与居住者性别、年龄和个性相符的色彩，更容易取得让其感觉舒适、满意的装饰效果。

▲白底粉色小花款式的壁纸，搭配同色系家具，具有浓郁的甜美感，使人一看便知这是一个性格甜美、温柔的女性的卧室

（3）根据墙面面积选择壁纸的花型

壁纸与墙漆的最大区别就是它的图案种类繁多，这也是壁纸深受人们喜爱的原因之一。常见的壁纸花纹有大花、小花、碎花、条纹等多种，不同的图案对居室的效果有不同的影响。例如，大花能够让墙面看起来比实际要小一些；反之，花纹越小，在视觉上越能够扩大墙面的面积；而条纹壁纸则具有延伸作用，在视觉上可拉伸高度或宽度。在选择壁纸时，如果房间的布局有缺陷，就可以利用花型来做调整。

▲为了让卧室的层高看起来能高一点，利用壁纸修饰，箭头的图案在竖直方向上有拉高空间的效果

壁纸的鉴别与选购

① 通过气味判断质量

在选购时，可以简单地闻一下，如果刺激性气味较重，证明含甲醛、氯乙烯等挥发性物质较多。还可以将小块壁纸浸泡在水中，一段时间后，闻一下是否有刺激性气味。

② 检查外观

看壁纸表面有无色差、死褶与气泡，最重要的是必须看清壁纸的对花是否准确，有无重印或者漏印的情况。此外，还可以用手感觉壁纸的厚度是否一致。

/ 壁纸应用案例解析 /

PVC、无纺布、纯纸壁纸，谁更耐用

无纺布壁纸

设计说明 地中海风格的客厅内，选择了一款无纺布材质的蓝白条纹壁纸，搭配圆弧形的墙面造型，具有典型的地中海特点，为空间增添了如海风般清新的感觉。

纯纸壁纸

设计说明 虽然壁纸的色彩和图案组合起来非常活泼，但并不让人感觉凌乱，原因是它的色彩组合都能够在房间内找到，例如白色对应顶面，红色对应布艺，而蓝色则呼应墙面。色块形式的花型用纯纸材质体现出来，感觉更清晰，突显档次感。

壁布：

选择知名品牌有保障

壁布也叫“墙布”，其以棉布为底布，在底布上进行印花、轧纹浮雕处理或大提花制成不同的图案，所用纹样多为几何图形和花卉图案。壁布没有壁纸的使用范围广泛，它的使用限制较多，不适合潮湿的空间，保养起来没有壁纸方便，但效果自然，更精致，更高雅。

1. 壁布种类速查表

名称	特点	价格区间	图片
无纺壁布	◎ 色彩鲜艳、表面光洁、有弹性、挺括 ◎ 有一定的透气性和防潮性 ◎ 可擦洗而不褪色 ◎ 不易折断，材料不易老化，无刺激性	280~670 元 /m^2	
锦缎壁布	◎ 花纹艳丽多彩，质感光滑细腻 ◎ 价格昂贵 ◎ 不耐潮湿，不耐擦洗 ◎ 透气，吸声	400~800 元 /m^2	
刺绣壁布	◎ 在无纺布底层上，用刺绣形式将图案呈现出来的一种壁布 ◎ 具有艺术感，非常精美 ◎ 装饰效果好	350~750 元 /m^2	
纯棉壁布	◎ 纯棉布经过处理、印花、涂层制作而成 ◎ 表面容易起毛且不能擦洗 ◎ 不适用于潮气较大的环境，容易起鼓 ◎ 强度大，产生的静电小，透气、吸声	100~400 元 /m^2	

续表

名称	特点	价格区间	图片
化纤壁布	◎ 以化纤布为基布，经一定处理后而成的壁布类装饰材料 ◎ 新颖美观，无毒无味 ◎ 透气性好，不易褪色 ◎ 不耐擦洗	120~900 元 /m²	
玻璃纤维壁布	◎ 以中碱玻璃纤维布为基材，表面为耐磨树脂 ◎ 花色品种多，色彩鲜艳 ◎ 不易褪色，防火性能好 ◎ 耐潮性强，可擦洗 ◎ 易断裂老化	160~500 元 /m²	
编织壁布	◎ 天然纤维编织而成，主要有草织、麻织等 ◎ 自然类材料制成，颇具质朴特性 ◎ 麻织壁布质感朴拙，表面多不染色，呈现本来面貌 ◎ 草编多做染色处理	220~460 元 /m²	
亚克力壁布	◎ 以亚克力纱、亚克力纤维为原料制作的壁布 ◎ 质感有如地毯，但厚度较薄 ◎ 质感柔和，以单一素色最多 ◎ 素色适合大面积使用	95~320 元 /m²	
丝绸壁布	◎ 丝质纤维做成的壁布 ◎ 质料细致、美观 ◎ 光泽独特，具有高贵感 ◎ 透气性好 ◎ 不耐潮湿，潮湿易发霉	350~850 元 /m²	
植绒壁布	◎ 将短纤维植入底布中，产生绒布的效果 ◎ 花纹具有立体感 ◎ 此类壁布质感极佳，非常适合华丽风格的家居 ◎ 容易落灰，需要勤打理	220~700 元 /m²	

2. 壁布的应用技巧

无缝壁布粘贴效果更佳

一般的壁布如壁纸一般是有宽度限制的，粘贴时就会存在缝隙，而翘起、开裂等问题也会从缝隙开始产生。现在市面上出现了无缝壁布，它是根据室内墙面的高度设计的，一般幅宽为 2.7~3.1m，一般高度的墙面只需要一块无缝墙布就可以粘贴，无需对花、对缝，更美观。

需要注意的是，房间高度超出 3.1m 则不适合选择无缝壁布，因为幅面大，不好对缝。

▲当用壁布作为背景墙主材时，选择无缝的款式会更美观，且不容易变形、翘曲

壁布的鉴别与选购

① 选大品牌

建议选择比较有知名度的品牌，不仅品质有保证，售后服务也有保障。

② 看表面

好的壁布表面不存在明显的色差、皱褶和气泡，图案应清晰，色彩均匀。

③ 用手触摸

可以用手触摸壁布感受质量，尤其是丝绸类的壁布，手感应光滑、细腻，不粗糙，底层的薄厚应一致。

壁布应用案例解析

设计说明 无纺壁布属于壁布中比较耐擦洗且不易老化的种类，很适合用在客厅内。选择一款浅色的欧式暗纹无纺壁布，搭配护墙板和简欧风格家具，使客厅显得高贵、典雅。

无纺壁布

设计说明 纯棉壁布透气、吸声，用在卧室墙面上非常合适。选择一款深灰色的壁布搭配硬包造型，作为卧室的床头墙，组合无色系家具和木质地板，时尚又不乏温馨感。

纯棉壁布

壁面玻璃：

表面光滑的产品最佳

常见的壁面玻璃包括各种颜色的镜面玻璃、钢化玻璃和烤漆玻璃，它们都可以用来装饰墙面，有的还可用于制作门窗、隔断。用作墙面装饰时，可以延伸空间感，使空间看起来更宽敞，也可用于隐藏梁、柱。各种色彩的壁面玻璃可以搭配其他不同的材料，营造不同的家居氛围。壁面玻璃不单单是单调的银色或透明色，其颜色种类丰富，可以根据不同的家居风格选择壁面玻璃的颜色。

1. 壁面玻璃种类速查表

名称	特点	参考价格	图片
灰镜	◎ 适合搭配金属材料使用 ◎ 可以大面积使用 ◎ 具有冷冽、都市的感觉	约 260 元 /m^2	
茶镜	◎ 具有温暖、复古的感觉 ◎ 色泽柔和、高雅 ◎ 适合搭配木纹饰面板进行装修	约 280 元 /m^2	
黑镜	◎ 非常具有个性，色泽神秘、冷硬 ◎ 不建议单独大面积使用，可搭配其他材质	约 280 元 /m^2	

续表

名称	特点	参考价格	图片
彩镜	◎ 色彩多 ◎ 包括红镜、紫镜、酒红镜、蓝镜、金镜等 ◎ 反射弱，可做点缀，局部使用	约 280 元 /m^2	
超白镜	◎ 白色镜面，高反射度 ◎ 能从视觉上扩大空间，彰显宽敞、明亮的感觉 ◎ 不会改变反射物品的原始色调	约 280 元 /m^2	
烤漆玻璃	◎ 工艺手法多样，包括喷涂、滚涂、丝网印刷或者淋涂等 ◎ 耐水性、耐酸碱性强 ◎ 使用环保涂料制作，环保、安全 ◎ 抗紫外线、抗颜色老化性强 ◎ 色彩的选择性强 ◎ 耐污性强，易清洗	约 300 元 /m^2	
钢化玻璃	◎ 属于安全玻璃的一种 ◎ 破损后不会有尖锐的尖角，直接碎成小颗粒 ◎ 强度高，同等厚度下抗冲击强度是普通玻璃的 3~5 倍 ◎ 具有良好的热稳定性，能承受的温差是普通玻璃的 3 倍	130 元 /m^2 起	
玻璃砖	◎ 分空心和实心两种 ◎ 体积小、重量轻，施工方便 ◎ 经济、美观、实用 ◎ 透光、隔热、节能	400 元 /m^2 起	

2. 壁面玻璃的应用技巧

（1）扩大空间的重要元素

镜面可以反射影像，模糊空间的虚实界限，所以常常被用来扩大空间感。在家居空间中，客厅和餐厅可以大面积地使用壁面玻璃。特别是一些光线不足、房间低矮或者梁柱较多且无法砸除的户型，使用壁面玻璃可以加强视觉的纵深感，制造宽敞的效果。

需要注意的是，壁面玻璃的色彩选择宜结合家居风格来进行。

◀自然光不足的区域，适当地使用一些壁面玻璃，即使是茶镜，也能够扩大空间的纵深

（2）局部使用效果更好

运用壁面玻璃虽然可以扩大空间感，但并不是使用得越多越好，如一面墙的整体墙面只使用壁面玻璃，或者相对的两面墙都使用壁面玻璃，会产生太多的影像，使人感觉错乱而产生压迫感。如与其他材料结合，做点缀使用，或者在大面积使用时加一些造型，就不会显得过于夸张。

▲背景墙两侧对称式地使用一些壁面玻璃，搭配石膏板造型，既美观又不会让人觉得过于夸张

/ 壁面玻璃应用案例解析 /

超白镜

设计说明　简欧风格的餐厅内，墙面使用超白镜，不仅增添了低调的奢华感，而且具有扩大空间感的作用，夜晚搭配灯光反射，更显明亮、宽敞。

茶镜

设计说明　茶镜非常适合搭配浅色的木纹使用，既现代又不失温馨感。镜面以条状形式放在木饰面的中间部分，比起大面积使用，更具节奏感。

艺术玻璃:

最好选择钢化的艺术玻璃

艺术玻璃是以玻璃为载体，加上一些工艺美术手法，使现实、情感和理想得到再现，再结合想象力，实现审美主体和审美客体的相互对象化的一种装饰材料。常用到的雕刻玻璃、夹层玻璃、压花玻璃等都属于艺术玻璃的范畴。它款式多样，大部分都可以定制，能够充分满足不同部位的装饰需求，具有其他材料没有的多变性。艺术玻璃的装饰效果很强，应用的空间很广泛，其不仅是一种装饰材料，还是一种艺术品。

1. 艺术玻璃种类速查表

名称	特点	参考价格	图片
压花玻璃	◎ 又称花纹玻璃和滚花玻璃 ◎ 表面有花纹图案 ◎ 透光不透明 ◎ 具有良好的装饰效果 ◎ 花纹种类丰富	200~300 元 /m^2	
雕刻玻璃	◎ 在玻璃上雕刻各种图案和文字，最深可以雕入玻璃厚度的 1/2 ◎ 立体感较强，可以做成通透的和不透的 ◎ 价格较高 ◎ 工艺精湛	180~340 元 /m^2	
彩绘玻璃	◎ 将特殊颜料直接着墨于玻璃上，或者在玻璃上喷雕成各种图案再加上色彩制成 ◎ 可逼真地对原画进行复制 ◎ 画膜附着力强，可反复擦洗 ◎ 可将绘画、色彩、灯光融于一体	280~420 元 /m^2	

续表

名称	特点	参考价格	图片
冰花玻璃	◎ 具有自然的冰花纹理 ◎ 对通过的光线有漫射作用，透光不透影 ◎ 给人以清新之感 ◎ 除以无色平板玻璃为底外，还可选彩色玻璃	160~290 元 /m^2	
砂雕玻璃	◎ 是各类装饰艺术玻璃的基础 ◎ 艺术感染力很强 ◎ 立体、生动 ◎ 应用前景广泛	120~240 元 /m^2	
水珠玻璃	◎ 又叫肌理玻璃 ◎ 使用周期长 ◎ 装饰效果极佳 ◎ 高雅，可登大雅之堂	120~260 元 /m^2	
镶嵌玻璃	◎ 利用各种金属嵌条将各种玻璃固定，经过一系列工艺制造成的高档艺术玻璃 ◎ 艺术感强 ◎ 可以将彩色图案的玻璃、雾面朦胧的玻璃、清晰剔透的玻璃任意组合，再用金属丝条加以分隔 ◎ 能突出家居空间的层次感	180~320 元 /m^2	
夹层玻璃	◎ 在两片或多片平板玻璃之间，嵌夹塑料薄片或丝制成 ◎ 安全性好 ◎ 抗冲击性能好 ◎ 耐光、耐热、耐湿、耐寒、隔声	85~300 元 /m^2	
琉璃玻璃	◎ 将玻璃烧熔，加入各种颜料，在模具中冷却成型制成 ◎ 面积都很小，价格较贵 ◎ 色彩鲜艳，装饰效果强 ◎ 造型别具一格 ◎ 图案丰富亮丽，纹理灵活变幻	210~350 元 /m^2	

2. 艺术玻璃的应用技巧

具有特点的可做背景墙使用

通常，艺术玻璃都是被运用在门、窗以及隔断上的，但有一些具有完整画面的艺术玻璃，还可以用在背景墙上。例如彩绘玻璃，它可以完全复制一幅画，将其用玻璃呈现出来，搭配灯光后更为华美。除此之外，镶嵌玻璃和琉璃玻璃也可搭配造型，用在背景墙上。

需要注意的是，没有画面感的艺术玻璃不适合用在墙面上，会显得单调。

▲完整画面的艺术玻璃，可以覆盖整个墙面或墙面上半部分，作为背景墙使用

艺术玻璃的鉴别与选购

① 检测透光性

艺术玻璃很难用检测普通玻璃的方式来鉴别，但大部分都是透光不透影的，可以在 1m 左右远的地方来检测其透光性。

② 查看其平整度

通过看玻璃的平整度也能鉴别质量问题。虽然艺术玻璃经过了一系列加工，表面可能不平整，但将玻璃平放后，从侧面观察，如果有明显的翘曲、不平直，说明质量不佳。

/ 艺术玻璃应用案例解析 /

设计说明 卫浴间的门上使用部分雕刻玻璃，非常具有艺术感。它可以透光不透影，为卫浴间增加光线的摄入。

雕刻玻璃

设计说明 卧室推拉门采用中式花鸟图案的彩绘玻璃装饰，更能突出中式韵味，不仅不占空间，光滑的表面还能为空间增补光线。

彩绘玻璃

马赛克：

背面应有锯齿状或阶梯状沟纹

陶瓷马赛克和玻璃马赛克，谁更胜一筹

马赛克又称“陶瓷锦砖”或“纸皮砖”，由坯料经半干压成型，在窑内焙烧成锦砖，主要用于铺地或内墙装饰，也可用于外墙饰面。其款式多样，常见的有贝壳马赛克、陶瓷马赛克、夜光马赛克以及金属马赛克等，装饰效果突出。由于组成的方法、形状很多，所以可以根据不同的家居风格进行设计，但是马赛克的占用面积一般不宜太大。

1. 马赛克种类速查表

名称	特点	参考价格	图片
贝壳马赛克	◎ 由纯天然的贝壳组成，色彩绚丽，带有光泽 ◎ 分天然和养殖两类，前者价格昂贵，后者价格相对较低 ◎ 形状较规律，每片尺寸较小 ◎ 天然环保 ◎ 吸水率低，抗压性能不强 ◎ 施工后，表面需磨平处理	500~1100 元 /m^2	
陶瓷马赛克	◎ 品种丰富，工艺手法多样 ◎ 除常规瓷砖款式外，还有冰裂纹等多种样式 ◎ 色彩较少 ◎ 价格相对较低 ◎ 防水防潮 ◎ 易清洗	80~450 元 /m^2	
夜光马赛克	◎ 原料为蓄光型材料，吸收光源后，夜晚会散发光芒 ◎ 价格不菲，可定制图案 ◎ 装饰效果个性、独特 ◎ 很适合小面积地用于卧室和客厅进行装饰	550~960 元 /m^2	

续表

名称	特点	参考价格	图片
金属马赛克	◎ 以金属为原材料 ◎ 色彩柔和，反光效果差 ◎ 装饰效果现代、时尚 ◎ 材料环保、防火、耐磨 ◎ 独具个性	180~470 元 /m^2	
玻璃马赛克	◎ 由天然矿物质和玻璃粉制成 ◎ 是色彩非常丰富的马赛克品种，花色有上百种之多 ◎ 质感晶莹剔透，配合灯光更美观 ◎ 耐酸碱，耐腐蚀，不褪色 ◎ 不积尘，重量轻，黏结牢 ◎ 现代感强，纯度高，给人以轻松愉悦之感 ◎ 易清洗，易打理	120~550 元 /m^2	
石材马赛克	◎ 原料为各种天然石材 ◎ 是最为古老的马赛克品种 ◎ 色彩较柔和 ◎ 效果天然、质朴 ◎ 有亚光面和亮光面两种类型 ◎ 需专门的清洗剂来清洗 ◎ 防水性较差 ◎ 抗酸碱、抗腐蚀性能较弱	130~450 元 /m^2	
拼合材料马赛克	◎ 由两种或两种以上材料拼接而成 ◎ 最常见的是玻璃 + 金属，或石材 + 玻璃的款式 ◎ 质感更丰富	150~300 元 /m^2	

2. 马赛克的应用技巧

（1）马赛克可用作背景墙主料

马赛克不仅可以用在卫浴间中，还可以用在其他空间中作为背景墙的主料使用，例如电视墙、沙发墙、餐厅背景墙甚至是卧室。常规的做法是搭配一些造型，大面积同色系铺贴；个性一些的可以用不同材质、不同色彩的马赛克拼贴成“装饰画”，这种做法更有立体感和艺术感，但造价较高。

需要注意的是，马赛克用在卧室时，玻璃和金属款式的不建议大面积使用。

◀用马赛克搭配硅藻泥作为沙发背景墙，虽然色彩较为素雅，但马赛克的晶莹质感和拼色组合在灯光的映衬下，带来了丰富的层次感

（2）公共区大面积使用时，色彩不宜过于花哨

除了用马赛克拼画及做背景墙的使用方式外，在家居的公共区内，用马赛克大面积粘贴墙面时，不建议用过于花哨的颜色。尤其是小面积的空间，无论是花色太多的单一款式，还是使用多种材料自行设计的款式，都容易让人觉得凌乱。

可行的建议是，在非背景墙的位置，可将少量花哨的马赛克与其他材质相间使用。

▶餐厅面积较小，可选择同色系内渐变的马赛克大面积粘贴于墙面，素雅又蕴含着丰富的层次感

马赛克应用案例解析

设计说明 马赛克可以作为地面材料使用，不同色彩的陶瓷马赛克拼接成丰富的图案，给人非常活跃、生动的感觉。

陶瓷马赛克

贝壳马赛克

设计说明 用不同色彩的贝壳马赛克作为主料，组合成了一幅抽象花朵图案的装饰画，用在卫浴间内做主题墙，为原本素雅的卫浴间增添了低调的奢华感和艺术感。

饰面板：

人造木皮代替天然木皮，美观实惠选择多

饰面板是将天然木皮或人造木皮刨切成一定厚度的薄片，黏附于胶合板表面，然后热压而成的一种用于室内装修或家具制造的表面材料。

1. 人造木皮

以原木为原材料，经过图案设计、染色、除虫处理之后成为一种性能更加优越的装饰材料。人造木皮表面光滑，能够避免天然木材变色、虫孔等瑕疵问题。

2. 木饰面免漆板

属天然木材，没有经过人工修饰而呈现出木材的天然纹理和色彩。采用天然原木材料直接生产木皮，具有特殊而无规律的天然纹理。

3. 天然染色木皮

天然木皮有天然形成的矿物质结疤，纹理不统一，需要由人工添加颜料进行修饰以达到统一标准。经处理之后的天然染色木皮，表面光滑、色彩丰富。

人造木皮如何规划才能 省钱

（1）追求珍稀木材色泽感可选择人造木皮

人造木皮花色品种繁多，一些世界上已经绝迹的珍稀木纹也能被仿制得栩栩如生，如果想让家居变得更加有质感和韵味，又不想花费太多预算，那么可以选择人造木皮，虽然不如天然木皮的纹理那么自然，但也有良好的色泽和图案，可为室内增添美感。

◀浅棕色竖纹人造木皮装饰墙面，在视觉上拉伸纵向高度，也使整个空间更有层次感

（2）家具隐藏部分可用人造木皮代替

在制作板式衣柜或柜子时，需要在表面贴木皮以达到所需的效果，但由于较大体积的家具在放置后很少会进行移动，所以对于看不到的位置，例如衣柜的背面或底部等，可以选择不贴木皮或者使用人造木皮代替，这样也能节约不少的预算。

▶定制板式衣柜的背面或者顶部等地方，可以使用相似花纹的人造木皮来代替

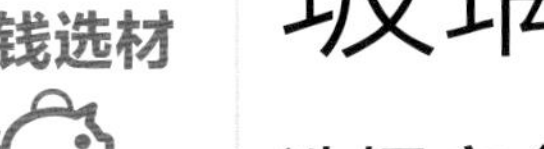

拓展
省钱选材

玻璃：

选择安全系数高的等于为日后省钱

玻璃在室内中被广泛应用，从玻璃家具到玻璃隔断，再到玻璃门窗，玻璃的身影无处不在。因为玻璃的透光性能较好，在家居设计中常用玻璃来进行装饰。但有时候预算不够，便会选择普通、便宜的玻璃材质，结果因为意外撞击而破碎，导致家里成员受伤。

安全玻璃具有力学性能好，抗冲击性、抗热震性强，破碎时碎块无尖利棱角且不会飞溅等优点，如果家中有老人与儿童，安全玻璃能带来更多的保障。

玻璃如何应用才 安全

（1）隔断划分，钢化玻璃更安全

居室空间有限，但仍想划分不同的空间功能，那么使用钢化玻璃隔断既能分隔区域也能保证安全。

▲利用钢化玻璃作为空间分隔的材料，既安全又方便

（2）室内外连接门，夹层玻璃安全又放心

夹层玻璃隔热保温性好，并且独具质感和氛围，保证安全性的同时，还能起到装饰效果。

▲夹层玻璃既能保证室内温度，也能形成良好的装饰效果

（3）磨砂玻璃透光不透视，保护隐私

磨砂玻璃表面朦胧，可以用于需要隐蔽的空间，如卫浴门窗及隔断，光线可透过但却能遮挡视线，同时安全系数高，是家居空间中安全、美观的装饰品。

►磨砂玻璃推拉门，拉开时能扩大空间，关闭时能形成封闭的空间

涂料：

价格便宜、环保不合格以后花大钱

很多人都知道涂料的环保性能非常重要，在墙面刷漆时会比较注意选择价格较贵的环保涂料，但却忽视了木器漆的质量，如果家里木工产品较多，也会有不健康气体释放的问题，因为“三分木工，七分油工”，所以木工产品会用到大量的涂料。

涂料的环保性是装修中需要重视的地方之一，好的涂料气味小，对人体的伤害也相对较小；如果使用劣质涂料，不仅气味难闻，而且对身体的伤害非常大。

涂料如何应用才安全 **实惠**

（1）天然木器漆既可延长家具寿命又环保

在实际使用中，实木家具难免会遇到磕碰、刮花的情况，这时可以涂刷天然木器漆，起到保护作用的同时，又很环保。

▲天然木器漆既能保护木质家具，又能起到装饰作用

（2）板岩漆模仿石材效果，实惠又安全

由于天然石材价格不菲，很难进行大面积的铺装，但板岩漆能够完美模仿出石材的效果，并且价格更低，质量上也安全环保。

▲板岩漆电视背景墙，效果美观但花费不高

（3）亚光漆涂刷儿童房气味小

亚光漆无毒、无味，环保性较好，比较适合儿童房使用，可以选择彩色亚光漆，创造出一个明快有趣而又安全的居住环境。

►大面积的白色定制家具与蓝色调亚光漆形成淡雅又平和的学习氛围

第五章

厨卫装修材料

厨卫装修材料主要包含厨房和卫浴间用到的五金、洁具、橱柜等，这两个空间也是我们装修的重点，所以选择装修材料的时候一定不能只贪图低价，更要关注质量。

浴缸：

表面光泽度差的不能选

现代人的生活比较繁忙，归家后用浴缸泡澡，可以缓解疲劳，让生活变得更有乐趣。浴缸并不是必备的洁具，但却能让生活更舒适，其适合摆放在面积比较宽敞的卫浴间中。浴缸有固定式和可移动式等不同形式，材质多样，造型精美，不仅能提供实用性功能，还具有一定的装饰效果。

1. 浴缸种类速查表

名称	特点	参考价格	图片
亚克力（聚甲基丙烯酸甲酯）浴缸	◎ 造型丰富，重量轻 ◎ 表面的光泽度好 ◎ 价格低廉 ◎ 耐高温能力差、耐压能力差 ◎ 不耐磨、表面易老化	1200~1500 元 / 个	
实木浴缸	◎ 木质硬，防腐性能佳 ◎ 保温性强，可充分浸润身体 ◎ 需要养护，干燥时容易开裂 ◎ 售价较高	2800~4000 元 / 个	
铸铁浴缸	◎ 表面覆搪瓷，重量大 ◎ 使用时不易产生噪声 ◎ 经久耐用，注水噪声小，便于清洁 ◎ 运输和安装较困难	2300~3800 元 / 个	
按摩浴缸	◎ 有一定的保健作用 ◎ 体积较大，售价高昂 ◎ 有极佳的使用舒适度	5000~8000 元 / 个	
钢板浴缸	◎ 比较传统的浴缸 ◎ 重量介于铸铁浴缸与亚克力浴缸之间 ◎ 保温效果低于铸铁浴缸，但使用寿命长 ◎ 整体性价比较高 ◎ 耐磨、耐热、耐压	3000 元 / 个起	

2. 浴缸的应用技巧

（1）安装方式可根据使用者选择

浴缸按照安装方式来分，可分为嵌入式和独立式两种：嵌入式就是将浴缸放入由水泥砂浆砌筑的台面中包裹起来的安装方式，安全性较高，但占地面积大，适合有老人和小孩的家庭；独立式为浴缸下方带有腿，放置在适合的位置即可使用，适合年轻人和小卫浴间的家庭。

需要注意的是，嵌入式浴缸安装比较麻烦，需提前做好计划，预留排水管、检修口等。

◀嵌入式浴缸虽然不可以移动，但使用起来安全性更高，通常都带有台面，可以摆放一些物品

（2）小卫浴间可选实木浴缸

在所有的浴缸中，实木浴缸的尺寸是相对较小的，虽然有一些重量，但是一个人也可以挪动，所以面积非常小的卫浴间中很适合摆放一个实木浴缸，与坐便器之间安装一个浴帘，即可实现干湿分离。

需要注意的是，如果是比较干燥的地区，则不适合使用实木浴缸，容易开裂而漏水。

▲面积较小的卫浴间内，使用一个实木浴缸，既节省空间，又可增加生活的舒适度

/ 浴缸应用案例解析 /

设计说明 卫浴间的整体色彩比较低调，所以用白色的浴缸搭配带有花纹的灰色墙面和地面，能让空间显得更简约干净，还不会令人感到沉闷。

亚克力浴缸

设计说明 内嵌的安装方式很适合选择综合性能比较好的铸铁浴缸。将其用瓷砖包裹起来，搭配拼花地砖，既具有个性又不显得杂乱，现代感十足。

铸铁浴缸

洁面盆：

注意支撑力是否稳定

洁面盆的种类非常丰富，是家居中使用频率非常高的洁具。它按造型可分为台上盆、台下盆、挂盆、一体盆和立柱盆等；按材质可分为玻璃盆、不锈钢盆和陶瓷盆等，每种都有其独特的个性。不同材质和造型的洁面盆价格相差悬殊，可以从使用需求出发，结合材质、款式和价位来选择。

1. 洁面盆种类速查表

名称	特点	参考价格	图片
台上盆	◎ 安装方便，台面不易脏 ◎ 款式多样，装饰感强 ◎ 对台盆的质量要求较高 ◎ 台面上可放置物品 ◎ 盆体与台面衔接处处理不好容易发霉	200~900 元 / 个	
台下盆	◎ 卫生清洁无死角，易清洁 ◎ 台面上可放置物品 ◎ 与浴室柜组合的整体性强 ◎ 对安装工艺要求较高	240~850 元 / 个	
挂盆	◎ 节省空间面积，适合较小的卫浴间 ◎ 没有放置杂物的空间 ◎ 样式单调，缺乏装饰性 ◎ 适合墙排水户型	220~480 元 / 个	
一体盆	◎ 盆体与台面一次加工成型 ◎ 易清洁，无死角，不发霉 ◎ 款式较少	180~370 元 / 个	
立柱盆	◎ 适合空间不足的卫浴间安装使用 ◎ 一般不会出现盆身下坠变形的情况 ◎ 造型优美，具有很好的装饰效果 ◎ 容易清洗，通风性好	260~1000 元 / 个	

2. 洁面盆的应用技巧

（1）根据卫浴间的面积选择造型

洁面盆的造型可以结合浴室的面积来决定。微型卫浴间适合选择立柱盆，若同时为墙排水，则只适合使用挂盆。一体盆通常只有一个面盆，占地面积中等，小卫浴间和中等卫浴间均适合，若卫浴间面积很大，使用它容易显得空旷。台上盆和台下盆在非微型卫浴间中均适用。

►台上盆虽然需要台面才能安装，但台面的宽度可以窄一些，所以在小卫浴间中也可以使用

（2）根据家居风格选材质

市面上常见的洁面盆有陶瓷、不锈钢和玻璃三种，其中陶瓷洁面盆款式和色彩最多，各种家居风格均可找到适合的款式；不锈钢洁面盆多为银色，花样最少，冷硬感强，比较适合现代、前卫风格的家居；玻璃洁面盆晶莹剔透，色彩较多，适合简约、现代风格的家居。

需要注意的是，玻璃洁面盆有普通玻璃和钢化玻璃两种，建议选择后者，更安全。

◄陶瓷材质的白色洁面盆，用在美式风格的卫浴间内也不显得突兀

/ 洁面盆应用案例解析 /

设计说明 面积较宽敞的卫浴间内，使用了两个台下盆，可以满足多人的使用需求。设计师将其作为设计基准，无论是墙面、地面还是浴室柜，均采用了对称式的造型，使人感觉规整而大气。

台下盆

设计说明 白色的陶瓷洁面盆为卫浴间增添了洁净感。圆形的造型将柔和的感觉融入方正的空间中，减少过多的棱角带给人的冷硬感。

台上盆

坐便器：

光泽度越高越容易清洁

智能坐便器值不值得买

坐便器的使用率在卫浴间中是最高的，家里的每个人都会使用它，其质量好坏直接关系到生活品质，因此，比起款式来说，对其质量的把控更重要。在选购坐便器的过程中，需要通过节水性能、静音效果来判断坐便器的好坏。同时，还要关注坐便器的大小，是否适合家中的卫浴间。

1. 坐便器种类速查表

名称	特点	参考价格	图片
连体式坐便器	◎ 水箱和座体合二为一 ◎ 形体简洁，安装简单 ◎ 价格较高	400 元 / 个起	
分体式坐便器	◎ 水箱与座体分开设计 ◎ 占用空间面积较大 ◎ 连接处容易藏污纳垢 ◎ 不易清洁	250 元 / 个起	
悬挂式坐便器	◎ 直接安装在墙面上，悬空的款式 ◎ 通过墙面来排水，适合墙排水的建筑 ◎ 体积小，节省空间 ◎ 下方悬空，没有卫生死角	1000 元 / 个起	
直冲式坐便器	◎ 冲污水效率高 ◎ 噪声较大，容易结垢，省水 ◎ 款式相对较少	600 元 / 个起	
虹吸式坐便器	◎ 冲水噪声小，费水 ◎ 有一定的防臭效果 ◎ 样式精美，品种繁多	750 元 / 个起	

2. 坐便器的应用技巧

（1）用科技改善生活

智能坐便器近年来非常流行，但是它的价格较高，若使用的是普通款式的坐便器，则可以用智能坐便盖替换现有的盖子，就可以享受智能坐便器的一些功能，相比较来说，花费的资金更少，但是功能却相差不多。

需要注意的是，如安装智能坐便盖，坐便器附近需要有可使用的做过接地处理的电源插座。

▲智能坐便盖的安装很简单，却可以为人们提供智能坐便器的一些功能

（2）加一些细节更显品位

在很多人的印象中，坐便器都是较为单调的，实际上有很多具有艺术感的坐便器，例如带有欧式雕花的款式，细节的设计非常到位，在卫浴间内使用此类坐便器，能够充分地显示出居住者的品位。

需要注意的是，虽然此类坐便器装饰性更浓郁，但通常比较昂贵。

►用带有欧式花纹的坐便器，搭配马赛克墙面，华丽而又不乏精致的细节

坐便器应用案例解析

设计说明　卫浴间内，无论是界面还是浴室柜的色调都比较重，选择白色坐便器，能够与墙面、地面和浴室柜形成鲜明的对比，增加一些活跃感，也让空间显得更时尚、现代。

连体、虹吸式坐便器

设计说明　悬挂式的坐便器小巧、无卫生死角，且非常简洁、利落。选择白色，可以与白色墙砖连成一体，使固定界面和洁具更具统一感。

悬挂、虹吸式坐便器

浴室柜：

基材必须选环保材料

浴室柜安装在卫浴间中，最为重要的是防水、防潮性能。一般为了解决这个问题，浴室柜会做悬空设计，使其与地面保持一定的距离；有时也会在材质上做文章，使用一些不怕水浸的材料。它不像橱柜那样有一致的定式，可以是任何形状，也可以摆放在任何恰当的位置，但一定要与卫浴间的整体设计相呼应，否则会给人画蛇添足的感觉。

1. 浴室柜种类速查表

名称	特点	参考价格	图片
实木浴室柜	◎ 纹理自然，质感高档 ◎ 坚固耐用 ◎ 甲醛含量低，环保健康 ◎ 效果自然淳厚，高贵典雅 ◎ 环境干燥时容易开裂	900~2000 元 / 个	
不锈钢浴室柜	◎ 防水、防潮性能出色 ◎ 环保，经久耐用 ◎ 防潮，防霉，防锈 ◎ 设计单调，缺乏新意，容易变暗	850~1600 元 / 个	
铝合金浴室柜	◎ 防水、防潮性能出色 ◎ 表面的光泽度好 ◎ 品质高，使用方便	1200~3000 元 / 个	
PVC 浴室柜	◎ 色彩丰富 ◎ 抗高温，防刻划，易清理 ◎ 造型多样，可定制 ◎ 耐化学品腐蚀性能不高	450~900 元 / 个	

2. 浴室柜的应用技巧

（1）结合风格选择合适的款式

常见的浴室柜大致可以分成四种风格，包括中式风格、简约风格、田园风格和欧式风格。其中，欧式风格既可用在欧式家居中，也适合用在法式、美式乡村风格的居室中。在选择时，针对家居风格选择适合的款式即可。若进行风格的混搭，需注意材质和色彩的协调性。

►浴室墙面和地面使用了仿古砖，具有地中海风格特点，搭配一个白色木质浴室柜，符合风格色彩及材质特征

（2）组合式或挂墙式浴室柜适合紧凑空间

紧凑型的卫浴间适合选用组合式和挂墙式浴室柜，既能有效地做到干湿分离，又能保持干净整洁。带镜柜设计的浴室柜可以收纳化妆品、毛巾等物品，既充分地利用卫浴间墙面空间，又能最大限度地满足卫浴环境中种类繁多的存储需要。

需要注意的是，镜柜与洗手台之间的高度应合理，预留足够的活动空间供水龙头使用。

►洗漱区面积较小，选择挂墙式的组合浴室柜，充分利用了空间，满足洗漱和储物需求

/ 浴室柜应用案例解析 /

设计说明 白色的卫浴间中设置了深棕色的实木浴室柜，使原本单调的氛围变得浓郁起来。

实木浴室柜

设计说明 卫浴间的面积较小，墙面和地面砖的花纹已经很丰富，选择白色的 PVC 浴室柜搭配白色的洁具，使主次层次更加清晰，感觉更加利落、简洁。

PVC 浴室柜

水龙头：

手感轻柔、不费力为佳

越小的五金件发挥的作用往往越大，水龙头虽然使用的部位不多，但是使用频率却非常高。小小的水龙头，款式却非常多，价位也有高有低，因为体积小，很多人都是随意地购买，而不像其他大的配件那样讲究。实际上，这是一个错误的观念，不合格的水龙头很容易出现问题，需要经常更换，影响使用，为生活带来烦恼。

1. 水龙头种类速查表

名称	特点	参考价格	图片
扳手式水龙头	◎ 最常见的水龙头款式，安装简单 ◎ 生产技术最成熟 ◎ 单向扳手款式只有一个扳手，同时控制冷热水的开关 ◎ 双向扳手款式有两个扳手，分别控制冷热水的开关	50~400 元 / 个	
按弹式水龙头	◎ 此类水龙头通过按动控制按钮来控制水流的开关 ◎ 与手的接触面积小，比较卫生 ◎ 适合有孩子的家庭 ◎ 修理难度大，价格较高	60~300 元 / 个	
感应式水龙头	◎ 水龙头上带有红外线感应器 ◎ 手移动到感应器附近时，就会自动出水 ◎ 不用触碰水龙头，是非常卫生的产品 ◎ 修理难度大，价格高	200~900 元 / 个	
入墙式水龙头	◎ 出水口连接在墙内的一种水龙头 ◎ 简洁、利落，非常美观、整洁 ◎ 既有扳手式的，也有感应式的 ◎ 安装此类水龙头需要特别设计出水口	60~700 元 / 个	
抽拉式水龙头	◎ 水龙头部分连接了一根软管 ◎ 可以将喷嘴部分抽拉出来到指定位置 ◎ 非常人性化，水流方向可以随意移动	80~400 元 / 个	

2. 水龙头的应用技巧

（1）根据实际需求选择款式

水龙头款式众多，让人眼花缭乱，建议大家从实际需求出发。如果没有特殊要求，选择扳手式水龙头就能满足使用需求；如果喜欢利落一些，可以选择入墙式水龙头；若想要卫生一些，可以选择按弹式或者感应式水龙头；若喜欢在洁面盆处洗头，则可以选择抽拉式水龙头。

需要注意的是，有特殊安装要求的水龙头，需要在进行水电改造时就确定下来。

▲入墙式水龙头不占据台面空间，适合喜欢利落、简洁感的人群使用

（2）流量适合才不会溅水

不同款式的水龙头的出水流量和速度是有区别的，如果洁面盆很浅，若搭配了流量和流速大的水龙头，在使用时，盆底就很容易溅水，不仅会弄湿衣服，还会在台面和墙壁留下水渍，影响美观。所以，如果洁面盆足够深，可以搭配大流量的水龙头；反之，则适合选择小流量的款式，才能避免溅水。

▶当洁面盆的深度较小的时候，选择一个小口径的水龙头，使用起来会更舒适

水龙头应用案例解析

设计说明 卫浴间内无论是色彩的组合还是洁具的款式都非常简约，选择一个银色的不锈钢水龙头，增添了一丝时尚感，与整体搭配起来也非常协调。

单向扳手式水龙头

设计说明 整个洗手区的设计非常简洁，没有过多的色彩，仅以灰色、白色和黑色表现干净的简约感。入墙式水龙头让台面看上去很整齐，也节约了更多的空间。

入墙式水龙头

地漏：

地漏质量哪家强？

水封深度达 50mm 为好

地漏是每家每户必备的东西，由于地漏埋在地面下，且要求密封性好，所以不能经常更换。若购买了次品，会让卫浴间内充满不良的味道，影响心情和身体健康。因此，选购一款质量好的地漏尤其重要。除了质量外，还应重点关注其结构是否能够有效防臭。

1. 地漏种类速查表

名称	特点	参考价格	图片
PVC 地漏	◎ PVC 地漏是继铸铁地漏后出现的产品，也曾普遍使用 ◎ 价格低廉，重量轻 ◎ 不耐划伤，遇冷热后物理稳定性差 ◎ 易发生变形，是低档次产品	10~20 元 / 个	
合金地漏	◎ 合金材料材质较脆，强度不高 ◎ 如使用不当，面板会断裂 ◎ 价格中档，重量轻 ◎ 表面粗糙，市场占有率不高	15~60 元 / 个	

续表

名称	特点	参考价格	图片
不锈钢地漏	◎ 价格适中，款式美观 ◎ 市场占有率较高 ◎ 304 不锈钢质量最佳，不会生锈	10~30 元 / 个	
黄铜地漏	◎ 分量重，外观好，工艺多 ◎ 造型美观、奢华 ◎ 镀铬层较薄的产品时间长了表面会生锈	50~110 元 / 个	

2. 地漏结构种类速查表

名称	特点	参考价格	图片
水封地漏	◎ 通过水封来防臭 ◎ 有浅水封、深水封和广口水封三种 ◎ 内部有一个部件用于装水，从而隔开下水道的臭气	30~60 元 / 个	
无水封地漏	◎ 不采用水封，而采用其他方式来封闭排水管道气味的地漏类型 ◎ 包括机械无水封和硅胶无水封两种 ◎ 机械无水封产品种类较多，它是通过弹簧、磁铁等轴承来工作的	50~300 元 / 个	

3. 地漏的应用技巧

（1）必须安装地漏的位置

淋浴下面，适宜选择便于清洁的款式，因为头发较多。普通的花洒需要直径为50mm的地漏，多功能的淋浴柱需要直径为75mm的地漏；洗衣机附近安装地漏时，要关注排水速度问题，直排地漏是最佳选择。

▲淋浴器下方必须安装地漏，是为了能够让花洒淋下来的水迅速排走，避免水长时间滞留

（2）可选择安装地漏的位置

坐便器旁边，地面会比较低，容易积水，时间长了会有脏垢积存，安装一个地漏利于排水。厨房和阳台中，如果厨房排水管不是反水弯式，则需要装地漏；一般阳台都用于晾晒衣服，也会有少量的积水，建议安装地漏。

►洁面盆附近容易有水渍，安装一个地漏可以及时清除水渍，避免滞留

地漏应用案例解析

设计说明 在没有淋浴设备的卫浴间中，将地漏安装在浴缸和洁面盆的附近，无论是洁面还是沐浴带出的水渍都可以及时地清除，非常方便。

黄铜材质水封地漏

设计说明 将地漏安装在坐便器和洁面盆中间靠后的位置，可以及时地排除洁面盆流出的水渍，同时，隐藏式的角度，也不会影响卫浴间整体的美观性。

不锈钢材质无水封地漏

橱柜台面：

表面平整、无瑕疵为佳

橱柜台面是橱柜的重要组成部分，日常操作都要在上面完成，所以要求方便清洁、不易受到污染，卫生、安全。除了关注质量外，色彩与橱柜以及厨房整体相配合也应协调、美观。可以说，台面选择得好坏，决定了橱柜整体设计所呈现出的效果，也会对烹饪者的心情产生影响。

1. 橱柜台面种类速查表

名称	特点	参考价格	图片
人造石台面	◎ 表面光滑细腻 ◎ 表面无孔隙，抗污能力强 ◎ 可任意长度无缝粘接 ◎ 易打理，非常耐用，别称是“懒人台面” ◎ 划伤后可以磨光修复	300 元 /m^2 起	
石英石台面	◎ 硬度很高，耐磨，不怕刮划，耐热好 ◎ 经久耐用，不易断裂 ◎ 抗菌、抗污能力强 ◎ 接缝处较明显	350 元 /m^2 起	
不锈钢台面	◎ 抗菌再生能力最强，环保无辐射 ◎ 坚固、易清洗、实用性较强 ◎ 不太适用于管道多的厨房	200 元 /m^2 起	
美耐板台面	◎ 可选花色多，仿木纹自然、舒适 ◎ 耐高温、高压，耐刮 ◎ 易清理，可避免刮伤、刮花的问题 ◎ 价格经济实惠，如有损坏，可全部换新	200 元 /m^2 起	
天然石材台面	◎ 纹路独一无二，不可复制 ◎ 有着非常个性的装饰效果 ◎ 冰凉的触感可以增添厨房的质感 ◎ 硬度高、耐磨损、耐高热，但有细孔	600 元 /m^2 起	

2. 橱柜台面的应用技巧

（1）与橱柜色差小则文雅，色差大则活泼

橱柜台面和橱柜门板之间的色差，对厨房的整体氛围是活泼还是文雅，有着一些影响。台面和橱柜门板之间如果色差明显，能够为厨房增添一些活力；反之，如果台面和橱柜门板之间的色差较小，则会为厨房增添一些文雅感。

◀厨房墙面的色彩已足够活泼，所以台面选择了与橱柜门板相近的色彩，让橱柜整体看起来更内敛，进一步突显墙砖的活泼感

（2）台面色彩呼应墙面，可使厨房更具整体感

无论选择何种色彩的橱柜，若台面的色彩能与墙面砖的颜色有一些呼应，就可以让橱柜与墙面的联系更紧密，让厨房看起来更具整体感。虽然从立面看，台面只有一条线，但是它却是墙面与橱柜门板的转折面，所以色彩的作用是不可忽视的。

▶台面与墙砖和地砖属于同色系不同明度，它的明度介于墙砖和地砖之间，实现了很好的过渡

橱柜台面应用案例解析

设计说明 厨房中的地柜为白色系木质，搭配黑色的人造石台面，既形成了明快的对比，又与吊柜的白色呼应，使地柜和吊柜之间联系得更紧密，显得更整体。

人造石台面

设计说明 厨房的墙面采用拼接花色的仿古砖，搭配实木材质的橱柜，中间用浅色的石英石台面做过渡，增添了一道亮色，既实用又能够避免厨房显得过于沉闷。

石英石台面

橱柜柜体和门板：

选择大厂机器作业尺寸更精准

橱柜板材怎么选？
看完不纠结

橱柜的另外两个组成部分是柜体和门板。柜体起到支撑整个橱柜柜板和台面的作用，它的平整度、耐潮湿的程度和承重能力都影响着整个橱柜的使用寿命，即使台面材料非常好，如果柜体受潮，也很容易导致台面变形、开裂。作为门面的橱柜门板，还应该兼顾美观性，宜与厨房的整体风格和色彩相搭配。

1. 橱柜柜体种类速查表

名称	特点	参考价格	图片
复合实木	◎ 绿色、环保，低污染 ◎ 实用，使用寿命较长 ◎ 综合性能较佳 ◎ 能在重度潮湿环境中使用	1200 元 /m 起	
防潮板	◎ 原料为木质长纤维加防潮剂，浸泡膨胀到一定程度就不再膨胀 ◎ 可在重度潮湿环境中使用 ◎ 板面较脆，对工艺要求高	600 元 /m 起	
细木工板	◎ 易于锯裁，不易开裂 ◎ 板材本身具有防潮性能，握钉力较强 ◎ 便于综合使用与加工 ◎ 韧性强、承重能力强 ◎ 不合格板材含有甲醛等有害物	500 元 /m 起	
纤维板	◎ 不同等级的板材质量相差大 ◎ 中低档的纤维板没有办法支撑橱柜 ◎ 高档板材材质性能较优，但价格高，性价比低	200 元 /m 起	

续表

名称	特点	参考价格	图片
刨花板	◎ 环保型材料，成本较低 ◎ 能充分利用木材原料及加工剩余物 ◎ 幅面大，平整，易加工 ◎ 普通产品容易吸潮、膨胀 ◎ 适合短期居住的场所	400 元 /m 起	

这样挑选门板好看又实用

2. 橱柜门板种类速查表

名称	特点	适合人群	图片
实木门板	◎ 天然环保，坚固耐用 ◎ 有原木质感，纹理自然 ◎ 名贵树种有升值潜力 ◎ 干燥地区不适合使用	√ 高档装修 √ 喜欢实木质感的人群	
烤漆门板	◎ 色泽鲜艳，易于造型 ◎ 有很强的视觉冲击力 ◎ 防水性能极佳，抗污能力强 ◎ 表面光滑，易清洗 ◎ 工艺众多，不同做法的效果不同 ◎ 怕磕碰和划痕，一旦出现损坏，较难修补	√ 喜欢时尚感和现代感的人群	
模压板门板	◎ 色彩丰富，木纹逼真 ◎ 单色色度纯艳，不开裂，不变形 ◎ 不需要封边，避免了因封边不好而开胶的问题 ◎ 不能长时间接触或靠近高温物体	√ 喜欢木纹质感的人群	
水晶门板	◎ 基材为白色防火板和亚克力，是一种塑胶复合材料 ◎ 颜色鲜艳，表层光亮且质感透明、鲜亮 ◎ 耐磨、耐刮性较差 ◎ 长时间受热易变色	√ 喜欢时尚感和现代感的人群	
镜面树脂门板	◎ 属性与烤漆门板类似 ◎ 效果时尚，色彩丰富 ◎ 防水性好，不耐磨，容易刮花 ◎ 耐高温性不佳	√ 适合对色彩要求高、追求时尚的人群	

3. 橱柜的应用技巧

怎样选购结实耐用的橱柜五金

根据风格选择面板

厨房的面积通常要大于卫浴间，且很多厨房都是开敞式的，所以它的风格应与家居整体呼应。橱柜是厨房中的主体，它引领着厨房的风格走向，所以在选择面板的时候，宜从家居风格的代表色和纹理方面入手。

▲现代风格的厨房中，选择时尚感很强的镜面树脂门板装饰橱柜，使厨房的风格特征更突出

橱柜的鉴别与选购

① 看五金的质量

橱柜的五金包括铰链和滑轨，它们的质量直接关系到橱柜的使用寿命和价格。较好的橱柜一般都使用进口的铰链和抽屉，可以来回开关，感受其顺滑程度和阻尼。

② 查看封边

可以用手摸一下橱柜门板和箱体的封边，感受一下是否顺直圆滑，侧光看箱体封边，是否波浪起伏。向销售人员询问一下封边方式，宜选择四周全封边的款式，若封边不严密，长期吸潮会膨胀变形，也会增加甲醛释放量。

橱柜应用案例解析

实木橱柜门板

设计说明 棕色系的实木橱柜门板，搭配白色的墙砖，具有复古韵味。实木橱柜的质感细腻、高档，纹理变化多，非常彰显档次感和品位。

设计说明 厨房地面采用了拼色砖，比较花哨，所以橱柜搭配了白色的模压板门板，与地面的花色形成动与静的对比，互相衬托，彰显整洁感。

模压板橱柜门板

淋浴：

淋浴屏代替淋浴房，空间宽敞更实惠

淋浴房的保温作用比较好，在天气较为寒冷的时候会让人感到很暖和。但是淋浴房的清理相对而言是比较麻烦的，特别是一些由于户型问题而定制的、特殊造型的淋浴房。而淋浴屏不仅可以起到干湿分区的作用，在安装以及清理上也比淋浴房更简单。

淋浴屏

淋浴房

淋浴屏	项目	淋浴房
在卫浴间里安装一道玻璃门，再在地上砌一道门槛，只要起到分开干湿区的作用即可	 特点	利用室内一角，用围栏将淋浴范围清晰地划分出来，形成相对独立的洗浴空间
700~1800 元 /m^2	 价格	1400~2200 元 /m^2
① 节省空间 ② 安装简单、轻便	 优点	① 划分出独立的洗浴空间，保证干湿分离 ② 保温作用好
① 不适合高水温下使用 ② 很多构件不能维修，比如胶条、胶件、五金件等	 缺点	① 较难清理 ② 修理、维护困难

洁面盆：

台上盆美观难打扫，费时费钱不划算

装修小问题

有很多家庭在选择洁面盆时，觉得台上盆造型独特、好看，很有艺术感，一时冲动便选择了台上盆。但实际使用时会发现，对于台下盆，只要用布在水平方向一抹就干净了，而台上盆则要费劲地弯腰将盆体内外都擦一遍，并且有些缝隙很难清理干净，这样打扫用的时间比台下盆要多几倍。

▲方形台上盆简洁大方，但打扫时内外都要进行擦拭，比较麻烦

◀圆形台上盆美观且具有个性，但盆底与台面相接处缝隙较小，清理难度较大

在日常选择时，想要使用比较方便，建议选择台下盆或者立柱盆。不仅使用上比较舒适，而且打扫和清洁起来也很方便。

（1）台下盆

台下盆是将盆体嵌在台面以下，因此不存在台上盆那样打扫困难的情况，特别适合没有过多时间进行卫生打扫的人群使用。

- 安装方便
- 清洁简单
- 价格为200~320元

（2）挂盆

挂盆是将盆体固定在墙上，一般挂盆相对较大，不容易把水溅到外面，能够保持卫浴间的干燥，并且这种挂盆很适合给婴儿沐浴。

· 节约空间
· 台下空间宽敞
· 价格为180~430元

（3）立柱盆

立柱盆是将排水组件隐藏到主盆的柱中，所以会给人干净、整洁的外观感受，同时也能根据家庭成员的平均身高来选择合适的高度，立柱盆比较适合面积偏小的卫浴间，能够很好地节省空间。

· 造型独特　· 清洁方便　· 价格为100~700元